日経コンピュータ
NIKKEI COMPUTER

Google Cloud

エンタープライズ IT基盤設計ガイド

野村総合研究所

遠山 陽介
深津 康行
米川 賢治
小島 仁志 著

日経BP

▎まえがき

「GCP（Google Cloud Platform）vs. AWS（Amazon Web Services）、GCP vs. Azureという戦いが始まろうとしている」──。2018年5月に発行した前書『Google Cloud Platformエンタープライズ設計ガイド』はこのフレーズからまえがきを始めている。その後Google Cloud（2020年10月にGCPから名称変更）は、データ分析領域・ゲーム業界で確固たるポジションを確立し、さらに銀行の勘定系システムで採用されるなどエンタープライズシステムの領域でもその存在感を増している。

　AWSが当面クラウド市場を牽引し続けると予想されるが、Google Cloudのユニークな特徴から、AWSやAzureと異なる新しい市場を形成するのではないかという期待感はいまだ色褪せない。ぜひとも実際にGoogle Cloudに触れ、その魅力を感じてほしいと思い、本書を上梓するに至った。

　近年、Google Cloudはエンタープライズシステムへの対応を急速に進めており、国内企業での大規模な採用事例も増えつつある。また、DX（デジタルトランスフォーメーション）の潮流でエンジニアの地位が高まり、エンジニアに支持される（エンジニアにフォーカスしたサービス拡張を進めてきた）Google Cloudの存在感が増している。

　一方で、多くの企業情報システム担当者にとっては、Google Cloudの先進性や高度なサービスが気になるものの、「自社のインフラとして本当に使えるのか？」「AWSやAzureに比べて何が優れていて何に留意する必要があるのか？」といった点が気になっているのではないだろうか。

　本書の目的は、主にエンタープライズシステムへの適用を前提に、Google Cloudの導入検討に必要な基本的な知識の習得をサポートすることだ。対象読者は、ユーザー企業の情報システム部門のご担当者だけでなく、システム企画部門や、サービスを開発・運営する事業部門の担当者など、クラウドサービスに関心を持つ人たちを広く想定している。その中でも特に、AWSをはじめとする他のクラウドサービスの経験がある

人を想定し、Google Cloudの基本的な知識を体系立ててつかむために有用な内容になるよう努めた。

Google Cloudを利用する上で、本書がその一助となれば幸いである。

第1章では、エンタープライズ分野のクラウド市場をリードするAWSとの比較を交えて、Google Cloudの設計思想を解説する。第2章から第12章では、実際にGoogle Cloudを利用しようと考えている人に向けて、カテゴリーごとの各サービス機能を紹介する。第13章から第15章では、企業においてGoogle Cloudの導入に取り組む仮想的な3つのシナリオを基に、考慮すべきポイントや設計の流れを説明する。

謝辞

本書を改定するに当たってサポートをいただきました皆様に深く感謝いたします。日経クロステック／日経コンピュータの中山秀夫様には、原稿を編集いただき感謝したします。また、Google Cloudについて貴重なアドバイスを下さったグーグル・クラウド・ジャパン合同会社の西岡典生様にも感謝申し上げます。

なお、本書の記述は著者陣の個人的な見解に基づいています。Googleおよび著者が所属する会社とは一切関係ありません。また、本書は2021年10月から12月にかけて、その時点で公開された情報に基づいて記述しました。その後2022年2月時点で、更新された内容を一部反映しております。NDA情報に関するものは含まれていません。

目次 # Contents

目次

目次

第 1 章

Google Cloudの特徴

　Google CloudはGoogleが運営しているクラウドコンピューティングのプラットフォームで、一般にパブリッククラウドと呼ばれるサービスである。パブリッククラウドでは米Amazon Web Servicesの「AWS」と米Microsoftの「Microsoft Azure」が先行していたが、現在はそれらと並び3強の一角に位置付けられている。第1章では、なぜGoogle Cloudが脚光を浴びてきているのかを解説し、Google Cloudの特徴と活用上の懸念点、AWSとの大まかな違いを説明し、Google Cloudの輪郭を浮かび上がらせる。

1-1　Google Cloudが注目を集める理由

1-1-1　ニーズがGoogleに追いついた

　Google Cloudのルーツは、2008年に登場したGoogle App Engine（以下、App Engine）である。App Engineは開発者がプログラムコードと構成ファイルをデプロイするだけでアプリケーションを稼働させることができるサーバーレスサービスとなる。今でこそサーバーレスサービスを積極活用しようという機運が高まっているが、当時は斬新なコンセプトであり、エンタープライズ領域ではなかなか受け入れられなかった。

　その後、エンタープライズ領域におけるオンプレミス環境からクラウド環境へのマイグレーションニーズに応えるべく、2013年に仮想マシンを提供するGoogle Compute Engineと仮想プライベートネットワークを提供するVirtual Private Cloud、2017年に専用線接続サービスであるCloud Interconnectを正式リリースするが、この分野においては先行するAWS、Azureを捉えることは難しかった。

　昨今、マイクロサービス化やコンテナ・オーケストレーションツールの採用、開発プロセスの自動化などが脚光を浴びている。これらは技術進化が早くオンプレミスで実現することが難しく、クラウドのメリット

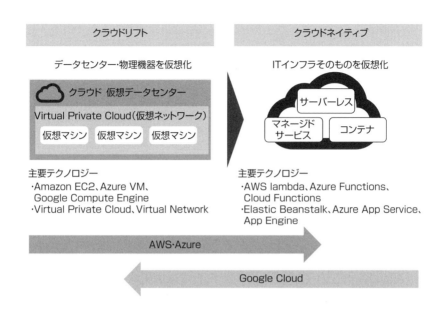

図表1-1　Google Cloudの成り立ち

を最大限活用しシステムを設計しようというクラウドネイティブの設計思想を適用することが好まれている。この設計思想こそ2008年にGoogleがApp Engineで表現していた世界観になる（**図表1-1**）。つまり、Googleが2008年から提唱しているコンセプトに、世間のニーズがようやく追いついてきたとも捉えることができる。

1-1-2　データ分析領域（分散処理）での強み

　Google検索、Google Map、YouTubeなどで膨大なデータから欲しいデータに瞬時にアクセスした体験を通じて、Google Cloudはデータ分析領域（分散処理）に強いという認識を持たれている方は多いであろう。事実、この領域においてGoogle Cloudは他クラウドにはない強みを保持している。これら10億人以上が利用するサービスを稼働させるには分散ファイルシステム、分散NoSQL、分散RDB、分散ロードバランサーなど

の分散テクノロジーが必要となり、Googleは自社開発を進めてきた。これらGoogleのインフラを支える分散テクノロジーをクラウドサービスとして利用できるのがGoogle Cloudの強みとなる。

特にフルマネージド型のデータウエアハウスであるBigQueryは、他のクラウドには無いGoogle Cloudの大きな強みとなる。詳細は第7章で説明するが、膨大なデータを超高速に、しかも廉価に処理できる点が特徴となる。一般的に1TBのデータを1秒以内に全検索するには5000台から1万台のディスクが必要と言われている。この超高速データ分析処理をBigQueryでは並列分散処理で実現している（検索クエリーを処理する際、数千台のサーバーで処理できるアーキテクチャーとなっている）。

データ分析担当者にとって、インフラの構成や運用を気にせず膨大なデータを高速に処理できる環境は非常に重宝する。事実、他クラウドをメインに利用している企業でも、データ分析領域はGoogle Cloudを活用している事例も多い。この傾向は当面続くであろう。

1-1-3　DXの潮流（変革の機運）

昨今、DX（デジタルトランスフォーメーション）という用語を至る所で耳にするようになっている。本書の趣旨と異なるためDXに関する説明は割愛するが、DXの目的はビジネスモデルの変革にあり、それを実現するには組織、プロセス、企業文化・風土の変革が求められている。このDXの潮流がGoogle Cloudを引き付ける要素となっている。

著者の所見として、AWSやAzureは「皆様のIT基盤をクラウドへ（Whereを変える）」というコンセプトでサービス展開されている。これまで、オンプレミスで稼働するシステムがクラウドに移行する際に必要とされる機能を迅速にサービス展開してきた。

一方、Google Cloudは「GoogleのIT基盤を皆様へ（Howを変える）」というコンセプトでサービス展開されている。根底にある考え方は「クラウドネイティブ」であり、「これまでとやり方を変えてクラウドのメリットを最大限享受しましょう」というメッセージが透けて見える。

　Google Cloudのコンセプトはエンタープライズの基幹システムのような俊敏性よりも長期安定稼働を志向するシステムには合致しないこともあるだろう。ただしDX領域のように、これまでのやり方を変えてビジネスを変更しようとしている領域とは非常に相性がよいコンセプトとなる。

1

1-2　Google Cloudの特徴

1-2-1　Googleの各種サービスが稼働しているインフラ

　Google検索、Gmail、YouTube、Google MapなどのGoogleが提供するコンシューマー向けサービスは、Google Cloud上で稼働している。これら10億人以上が利用するサービスの土台を支えるために、Googleは膨大なインフラ投資を継続している。
YouTubeは世界中のユーザーが利用しており、動画を遅延なく再生させるには低遅延・高速なネットワーク回線が求められる。そのため、Googleではリージョン間の接続にインターネットを利用するのではなく、自社所有の専用回線によるグローバルネットワークを構築している。また、Google検索では瞬時に検索結果が返ってくる。それを支えるコンピューティングリソースは膨大であることが想像に難くない。これら膨大なインフラリソースを効率的に運用することは、Googleにとっての生命線である。そのため、電力消費を抑えるためのデータセンター運用、大量のコンピューティングリソースを効率的に利用するための分散コンピューティングなど、世界最先端の技術を駆使して実現している。
　Google Cloudを利用するということは、GoogleがGoogleサービスのために行っている膨大な投資の恩恵を受けることができるということである。例えばロードバランサーは常に数千インスタンスが立ち上がっているためウオームアップ不要で利用できるが、これはGoogle検索でも使われているものと同一となる。Google Cloudの料金を考えれば、これは大きなメリットだといえる。これが1つめの特徴だ。

1-2-2　Google Cloudは革新的なテクノロジー

　Googleがソフトウエアアーキテクチャーの領域で世界をリードしてき

た。それは誰もが認めるところである。例えば、大容量のデータ解析で利用される高性能・スケーラブルなNoSQLデータベースサービス「Bigtable」、多数のコンピュータの集合で並列処理するフレームワーク「MapReduce」、コンテナを管理するアーキテクチャー「Borg」などは、Googleが発明したアーキテクチャーであり、有名なオープンソースソフトである「HBase」「Hadoop」「Kubernetes」は、これらのアーキテクチャーがベースとなっている。

　また、2017年7月に正式リリースされた「Cloud Spanner」の注目度がとりわけ高い。それまでシステム業界の常識として「ACID属性を重視するか＝（従来型のRDB）、水平分散のスケーラビリティーを重視するか（＝NoSQL）はトレードオフの関係」であったが、その常識を覆したサービスであることが主な理由だ。しかも、トランザクションの一貫性を保持したままグローバルで分散処理可能であり、これまでの常識で考えれば、その実現性を疑わしく感じてしまうようなサービスである。

　このようなGoogleの革新的テクノロジーを、自ら設計・構築・運用することなくサービスとして利用できる。これが2つめの特徴である。また、前述したようにGoogle Cloudで採用されているテクノロジーの多くはオープンソースとして公開されている点も、利用に際しての安心材料となるであろう。

1-2-3　最もクリーンなクラウド

　昨今、地球温暖化の原因となる温室効果ガスの排出量「実質ゼロ」を目指すカーボンニュートラル、脱炭素社会の実現が脚光を浴びている。菅元首相が2050年までに脱炭素社会を目指すことを宣言したことにより、国内の各企業でも脱炭素に向けた各種取り組みが進められている。Googleは脱炭素の取り組みでは先行しており、2007年にはカーボンニュートラルを達成し、2017年以来、Googleの世界的な年間消費電力の100％に相当する再生可能エネルギーを購入している。また、2030年までに全てのデータセンターを24時間365日、カーボンフリー（温室効果ガ

スを排出しないエネルギー）で稼働させることを目標として宣言している。これは他クラウド事業者の目標と比べても野心的な目標となり3つめの特徴である。

　これを実現可能とするために、Googleはディープラーニングを活用して効率的にデータセンターを運営している。データセンター内に数千個のセンサーを設置し、各種稼働データを分析・予測することで最適な冷却設備の運用を行っている。結果、Googleのデータセンターは一般的なデータセンターと比較して2倍のエネルギー効率を実現しており、6年前と比較すると同じ電力消費で約7倍の演算能力を達成している。

　また、本書執筆時点でプレビュー版となるが、Carbon Footprint機能が提供されており、Google Cloudの利用で消費する炭素排出量をダッシュボードで確認可能となる。各企業において炭素排出量の目標を達成する際に炭素排出量の算出は必要不可欠であり、今後重宝される機能となるであろう。

　今後、エンタープライズにおいてカーボンニュートラルの取り組みの重要性が増していくことは間違いないだろう。企業活動で生じる炭素排出量のうち、ITシステムが占める割合は企業によって様々だろうが、クラウド選定要素の一つとしてクラウド事業者の脱炭素の取り組みが評価される日は遠くないかもしれない。

1-3　Google Cloud利用時の懸念点

　ここまでGoogle Cloudの特徴・強みを紹介してきたが、その裏返しとしての懸念点も存在する。いくつかは時間が解決するものと思われるが、執筆時点の状況を整理しておく。

▍1-3-1　従前型（境界型）セキュリティーポリシーとの相性

　前述したように、Google Cloudはクラウドネイティブ・サーバーレスの世界観からサービス提供を開始し、徐々にエンタープライズ向けの機能を拡充してきた。VPC Service Controlsが登場し、エンタープライズで採用されている境界型セキュリティーポリシー（ネットワークを内側と外側に分離し、その境界線でセキュリティー対策を施す考え方）に適合させるための柔軟性は格段に向上したが、本質的には境界型の設計思想を是としていない。

　そもそもGoogleは、昨今注目されているゼロトラスト（境界型セキュリティーの限界を克服するための新しい考え方）を既に体現している企業である。境界型でセキュリティーを確保するのではなく、全てのレイヤーできめ細やかな認証・認可を実装することでセキュリティーを確保することに重点を置き、それを実現するためのサービスを展開している。Google Cloudのメリットを最大限享受するには、従前型の境界型セキュリティーポリシーに固辞するのではなく、セキュリティーを確保するための「やり方」を柔軟に変えていく姿勢が求められる。

▍1-3-2　進化への追随

　最近、この用語を耳にしなくなってきたが、ITの世界をコンシューマーITとエンタープライズITに大別した場合、Googleはコンシューマー

ITの世界を主戦場にしてきた企業であり、その影響がGoogle Cloudにも色濃く反映されている。

長期安定運用を志向しソフトウエアのパッチ適用にさえ慎重な対応が求められるエンタープライズITに対して、コンシューマーITの世界では進化への追従を余儀なくされる（iPhoneをお持ちの方であれば、頻繁に実施されるiOSのアップデートをイメージすると良い）。この結果、コンシューマーITは飛躍的な進化を遂げたわけではあるが、進化の過程で色々不都合を感じた方も多いであろう。クラウド全般にいえることだが、特にGoogle Cloudを活用する際には進化への追随を容認する（進化の過程で発生する様々な不都合に向き合う）姿勢が求められる。

1-3-3　商用ライセンス製品への対応

　Google Cloudはオープンクラウドを志向しており、商用ライセンス製品への対応が他クラウドと比較して遅れている。特に考慮すべき点として、多くのエンタープライズシステムで導入されているOracle Databaseは仮想マシン上での稼働がサポートされていない。Google CloudでOracle Databaseを利用するには「Bare Metal Solution（Google Cloudと隣接する区画で専用のベアメタルマシンを提供するサービス）」が必要となる。

　オンプレミスからパブリッククラウドへの移行を計画している企業が極力アプリケーションに修正を加えずクラウドの恩恵を受けたいと考えるケースも一定数ある。そのような場合、ミドルウエアを変更することは受け入れ難く、Google Cloudを採用する際の障壁となり得るであろう。Google Cloudを採用する際は、オンプレミスの設計思想をそのまま持ち込むのではなく、クラウドネイティブの設計思想を取り込む姿勢が求められる。

1-4　AWSとGoogle Cloudの特徴の違い

　企業の情報システムでクラウドサービスを利用する際には、比較評価をして最適なクラウドを検討することが多い。しかし、近年では市場が成熟して各ベンダーが同じようなラインアップを揃えているため、概要レベルの比較だけでは違いが分からなくなっている。一方で、製品レベルで具体的に調べると優位なベンダーが入れ替わったり制約条件が解消されたりといった動きが激しく、比較評価に時間を費やしてしまって活用の実践にエネルギーを割けなくなっていることも多い。

　こうした表面上の均質さや激しい変化に惑わされずにクラウドサービスを理解するには、そのクラウドの歴史を調べてみると良い。何のために作られ、どんな経緯で広がったのかという時間的な流れの中で俯瞰してみることで、短期的には変わらないそのクラウドの「本質的な良さ」が分かりやすくなる。ここでは、クラウドサービス市場を開拓したAWSを比較対象にしてGoogle Cloudの出自の違いを説明し、そこから生まれている特徴を紹介する。

　なお、両クラウドのサービス対応関係の整理は本書では割愛する。詳細は公式ドキュメントを参照してほしい（https://cloud.google.com/free/docs/aws-azure-gcp-service-comparison）。

1-4-1　サービスをけん引するAWS、テクノロジーをけん引するGoogle Cloud

　主要なクラウドサービスがローンチされた時期を製品カテゴリー別に整理すると、AWSによるサービス提供の早さが際立っている（**図表1-2**）。仮想化技術が企業の情報システムに浸透し始めた2010年頃までに、ストレージ、仮想マシン、ネットワークといったIaaSの機能群を早々にサービス化したことで、企業がクラウドサービスをITインフラとして利用することを一般化させた。AWSは、クラウドの「サービスとし

								AWSサービス Google Cloudサービス								

主要なクラウドサービス	2006	2007	2008	2009	2010	2011	2012	2013	2014	2015	2016	2017	2018	2019	2020	2021
オブジェクトストレージ	S3															
				Cloud Strage												
仮想マシン	EC2															
							Compute Engine									
仮想プライベートネットワーク				VPC												
							VPC									
リレーショナルデータベース				RDS												
							Cloud SQL									
メトリクス監視・ロギング				CloudWatch												
								Stackdriver								
閉域接続ネットワーク					DirectConnect											
									Interconnect							
IDとアクセス管理						IAM										
								IAM								

図表1-3　主要なクラウドサービスのローンチ時期

ての発展」をリードしてきた存在であると言ってよい。

　一方でクラウドを裏側で支えている分散処理の技術が登場した時期を整理すると、大きく印象が変わってくる（**図表1-3**）。大規模データ処理が流行するきっかけとなった技術の多くはGoogleが発表した技術論文に端を発しており、そうして開発されたオープンソースソフトが普及したのちに、AWSがそれをサービス化していった流れが見て取れる。Google自身がクラウドサービスとして提供し始めた時期は遅いが、その間に自社で運用しながら改善を重ねている（例外的なのがBigQueryだ。高度な技術を早々にサービス化し、いまだに技術的な先進性を保ち続けている）。Google内では市場よりも先行した技術開発が続けられているため、Google Cloudにおける一部のサービスの内部アーキテクチャーは既に新世代の技術に置き換わっている。その成果は、グローバル分散データベースのような他クラウドには無いサービスとして表れている。

　また、クラスタ管理・コンテナオーケストレーション分野においては長年運用してきた自社の大規模クラスタBorgを基にオープンソースソフ

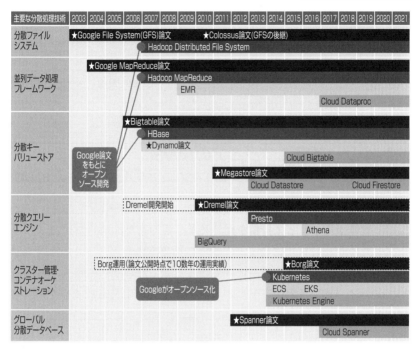

図表1-4　主要な分散処理技術の登場時期

トのKubernetesを開発し、自ら創立メンバーとなったCNCF（Cloud Native Computing Foundation）に寄贈して普及を推進している。Googleがリードした技術がオープンソースを通じて先進技術の発達と普及を促した顕著な例である。このようにGoogleは、オープンな方法でクラウドの「テクノロジーの発展」をリードし続けており、その先進テクノロジーを（先進的であるにも関わらず）実績のあるサービスとして利用できるのがGoogle Cloudであるといえる。Google Cloudを使う際には、その最大の特徴である先進的なテクノロジーを生かして、これまででき

なかったことをどう実現するかにフォーカスするのが良いだろう。

　なお、こうしたGoogleのオープン性がコミュニティーの共感を得たためか、近年ではMongoDB、Redis、Confluent、Elasticといった有力なオープンソースプロジェクトがGoogle Cloudと戦略的提携を結び、そのオープンソースソフトをマネージドサービスとして利用できるPartner Solutionsを提供している。今後はGoogle自身だけでなく、オープンソースコミュニティーと連携したテクノロジーの発展が加速することも期待できる。

1-4-2　基盤エンジニアのAWS、ソフトウエアエンジニアのGoogle Cloud

　前述の通りAWSは、ストレージ、仮想マシン、ネットワークといったIaaSの機能からサービス提供を開始した。こうした汎用的なITインフラリソースのサービス化に始まり、徐々に抽象度の高いミドルウエアレイヤーへとサービス提供領域を広げていった。これらはユーザーであるITエンジニア、特に基盤エンジニアにとって馴染みのある技術をそのままソフトウエア化したものであるため習得しやすく、AWSは情報システム業界の一般的なマーケットニーズに対して的確なサービスを提供し続けることで市場の開拓を成功したといえる。

　一方Google CloudはもともとGoogleの自社インフラとして開発されたため、ターゲットユーザーはGoogleのエンジニア、特にソフトウエアエンジニアであり、サービス開発に集中させるためにITインフラを意識させないように設計されている。Googleには「Datacenter as a Computer」の設計思想があり、ソフトウエアエンジニアがサーバーを意識せずに1台のスーパーコンピューターを使っているかのようにITサービスを使えるようにしている。この考え方から生まれたGoogle Cloudは、優れたサーバーレスサービスが多い（現在ではマーケットニーズに対応してIaaSの機能も充実している。詳細は2章以降を参照いただきたい）。

　サーバーレスサービスの優位性を表す一つの例として、データウエア

ハウス（DWH）のサービスである Amazon RedShift と Google Cloud の BigQuery を比べてみよう。RedShift は、ユーザーが自分用に起動した2〜数十台規模のノードから成るクラスターでデータのクエリー処理を実行する。料金は、使用したノードのvCPUやメモリといったITリソース量に応じて課金される（注：本書執筆中にRedShiftにもサーバーレス版がプレビュー発表されたが、ここでは分かりやすい比較のため従来版で説明する）。それに対してBigQueryでは、ユーザーが自分用のノードを占有することはなく、ユーザーのクエリーを数千台規模のノードに分割して並列実行する。料金は、使用したノードのvCPUやメモリではなく、クエリーが分析のためにストレージから読み取ったデータ量に対して課金される。つまり、前者は従来ながらのインフラ調達の感覚で「ユーザー専用のDWHサーバー」を提供しているのに対し、後者はソフトウエアとしての「クエリー処理機能」を提供しているといえる。後者は、サーバーを隠ぺい化することで多数のユーザーで共用して安価な料金を実現し、桁違いに大規模な並列分散化をすることで高速処理を実現している。

　隠ぺい化されたサーバーを多数のユーザーで共用するサービスに対しては、機密性の観点から懸念を持たれることがあるが、当然、論理的にユーザー単位でデータや処理を分離する仕組みになっている。この仕組みを理解して積極的に活用することで初めて、クラウドの真のメリットである異次元の性能を引き出すことができるのである。

　サーバーレスサービスを活用するにはITエンジニアのマインドチェンジとスキル習得が必要であるが、近年ではAWSやその他のクラウドサービスでも サーバーレスサービスが普及しており、抽象度の高いサービス利用の考え方が多くのITエンジニアに浸透しつつある。今こそ、Google自身が高い生産性を実現している Google Cloud のサービスを、多くの企業が有効活用できるチャンスであるといえる。

1-4-3　ラインアップをそろえるAWS、選択肢がシンプルなGoogle Cloud

　AWSはユーザーから寄せられるニーズを取り入れて拡大を続けており、サービスラインアップは膨大である。そのサービス拡張方針には、"Everything Store"を目指すアマゾンの遺伝子が感じられる。ユーザーニーズの多い機能（特にオープンソースソフト）があれば、たとえ同カテゴリーの機能が既にあったとしても積極的に取り入れて、多数の選択肢を提供できるようにしている。ユーザーにとっては「自分が使いたい機能が何でもあるクラウド」であり、あらゆるユースケースに細やかに対応できる一方で、同じカテゴリーに多数の機能があり、技術選択自体に知見が求められるようになっている。

　一方Google Cloudは、前述のようにGoogle社内で開発し長年実績を積み重ねた技術をサービス化してきたため、サービスラインアップはAWSに比べると少なく、カテゴリーごとに少数の選択肢に絞り込まれている。2章以降で詳しく解説するが、それらの選択肢はそれぞれの特徴がはっきりしており、求める要件に対して最適な製品をシンプルに選びやすくなっている。Google Cloudでは、ユーザーの細分化したニーズを全てカバーすることよりも、Google自身が考えるベストプラクティスを利用してもらうことに重きを置いているように感じられる。Google Cloudを使うときに「自分が使いたい機能が無い」と思ったときは、一度要件に立ち戻り、本当にその機能が必要なのか、もっと簡単なやり方で同じことが実現できるのではないかと考えてみると良いかもしれない。

1-5 基本要素における Google Cloudの特徴

本章の最後に、一般的なクラウドサービスに共通する基本的な要素にまつわる、Google Cloudの特徴を紹介する。ここでは、第2章以降の説明に向けて基本的な用語を導入することを目的として、簡易的に説明する。

1-5-1　リージョン・ゾーン

Google Cloudは200以上の国と地域で展開されるグローバルなクラウドサービスだが、その実体は相互にネットワーク接続されたデータセンターの集まりである。1つ1つの物理的なデータセンターはユーザーからは見えず、データセンターの集合から構成される「リージョン」や「ゾーン」と呼ばれる単位で取り扱う。

「ゾーン」はいわゆるデータセンターに似た概念だが、単一のデータセンターとは限らず、電源やネットワークなどのインフラを共有するデータセンター群から構成される仮想的なエリア単位である。インフラ

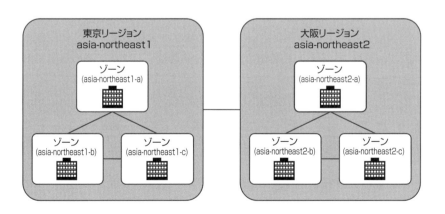

図表1-5　リージョンとゾーン

を共有するため、電源喪失などのデータセンター障害が起きた際には障害影響範囲の単位となる（あるゾーンのデータセンター障害は他のゾーンに影響しない）。他社のクラウドサービスで「可用性ゾーン（Availability Zone = AZ）」や「可用性ドメイン」などと呼ばれている概念と同じである。

　「リージョン」は、Google Cloudのゾーンが存在する地理的なエリアを指す。1つのリージョンは3つ以上のゾーンから構成されており、リージョン間は地理的に離れている。これも、他社のクラウドサービスで「リージョン」と呼ばれている概念と同じである。

　2章以降で紹介するコンピューティングやストレージといった各種のサービスは、それぞれ上記のどのエリア単位で展開されるかが異なっている。例えば仮想マシンのインスタンスはゾーン単位で展開されるため、仮想マシンサービスは「ゾーンサービス」であり、仮想マシンは「ゾーンリソース」であると表現される。1つのリージョン内の複数ゾーンにまたがって展開されるものは「リージョンサービス（リソース）」、全てのリージョンにまたがって展開されるものは「グローバルサービス（リソース）」であると表現される。

　Google Cloudでは、他社のクラウドサービスでリージョンサービスとなっているものがグローバルサービスになっているなど、他社と比べてより広い単位で提供されている機能が多い。初めからグローバルなスケールを目的とし、分散化することでメリットを引き出すように設計されたGoogle Cloudらしい特徴といえる。具体的には2章以降の各章で解説していく。

1-5-2　ユーザーID（アカウント）、プロジェクト、請求先アカウント

　一般的にクラウドサービスでは、ユーザーID（アカウント）によってユーザー単位に分離された環境でサービス（リソース）を使用し、その使用料が課金・請求される。例えばAWSではこれらの要素がひとつの

「AWSアカウント」によって管理されているが、Google Cloudではこれらの要素が別々に分かれているという特徴がある。

・ユーザーID（アカウント）には「Googleアカウント」を用いる。これはGoogle Cloud固有のものではなく、GmailやGoogle Driveなどの様々なGoogleサービスを利用するために用いるアカウントと共通である。

・ユーザーがサービスを利用する環境は「プロジェクト」と呼ばれる。プロジェクトは仮想マシンなどの各種サービスを管理し、稼働させ、それに対する課金を受ける、リソースの管理単位である。

・Google Cloudを利用するには料金を支払うための「請求先アカウント」

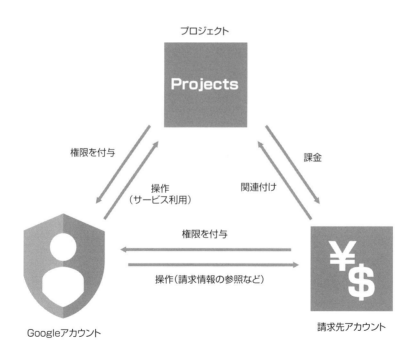

図表1-6　Googleアカウント・プロジェクト・請求先アカウントの関係

が必要となる。これはGoogleアカウントとは別の、Google Cloud固有のもので、利用料金の支払い方法を設定する（個人利用の場合はクレジットカードを登録する）。これをプロジェクトに関連付けることで課金が請求先に請求される。

　これらの要素については第9章で詳しく解説する。ここでは「Googleアカウント」「プロジェクト」「請求先アカウント」という用語を理解してほしい。

第 2 章

コンピューティング

2-1　コンピューティングサービスの種類

　Google Cloudのコンピューティングサービス（サーバーレスサービス含む）は、「Compute Engine」「Google Kubernetes Engine（以下、GKE）」「Cloud Run」「App Engine」「Cloud Functions」の5つがある（**図表2-1、図表2-2**）。

　ハードウエアやネットワークなどのOSレイヤー以下の部分をGoogleが管理する仮想マシンサービスからプログラムの実行環境のみを提供するサーバーレスサービスまで幅広いラインアップが用意されており、システムのユースケースに応じて適切なサービスを選択できる。

　Compute Engineは仮想マシンサービスであり、開発者自身がサーバーに必要なスペックやOSを選定できる（AWSのEC2相当）。

　GKEはKubernetesのフルマネージドサービスである（AWSのEKS相当）。コンテナ化されたアプリケーションのデプロイ、スケーリング、管理が自動的に行われるオーケストレーションツールであるKubernetes

図表2-1　コンピューティングサービス（概要とユースケース）

サービス	概要	ユースケース
Compute Engine	仮想マシン(VM) を提供するサービス	・OSへの依存度が高いシステム ・オンプレミス環境で稼動しているシステムの移行
Kubernetes Engine	Kubernetes環境を提供するマネージドサービス	・マイクロサービスを指向するシステム ・Google Cloud以外との可搬性を確保したいシステム
Cloud Run	コンテナ化されたアプリの実行環境を提供するサーバーレスサービス	・マイクロサービスを指向するシステム ・Kubernetesの構成管理が不要な(シンプルな) システム
App Engine	ウェブアプリケーションの実行環境を提供するサーバーレスサービス	・マイクロサービスを指向するシステム ・ウェブアプリケーション、モバイルアプリのバックエンド
Cloud Functions	関数を実行できるサーバーレスサービス	・データ処理/ETL (Pub/SubやCloud Storageからのイベント／トリガーに基づいて関数を実行するケース)

Googleのマネージドスコープ

図表2-2 コンピューティングサービスの位置づけ

をベースとしている。

Cloud Runはコンテナ化されたアプリケーションの実行環境を提供するサーバーレスサービスである（AWSのFargate、Lambda、App Runner相当）。GKEほど自由度は高くないが、コンテナイメージを格納したURLを指定するかソースリポジトリを指定するだけでアプリケーションを稼働させることが可能だ。半面、カスタマイズ性は乏しく一部ユースケースには対応できない。

App Engineはスケーラブルなウェブアプリケーションの実行環境を提供するサーバーレスサービスである（AWSのElastic Beanstalk相当）。開発したアプリケーションをApp Engineにデプロイするだけで利用可能だ。細かい部分で仕様は異なるが、App EngineはCloud Runとコンセプトが似通っている。著者の見解としては、Cloud RunはApp Engineのコンセプトを再定義しオープンソースをベースに作り直したもの、と捉えている。

Cloud Functionsはクラウド上で関数を呼び出したときのみプロセスが起動し、処理が終われば停止するというイベントドリブンのサービスである（AWSのAWS Lambda相当）。Pub/SubやCloud Storageからのイベント／トリガーに基づいて関数を実行するケースで利用される。

2

2-2　Compute Engine

　Google Cloud上で提供される仮想マシンサービスである。基本的な機能において他パブリッククラウドの仮想マシンサービスと大きな違いはないが、Compute Engineの特徴としてライブマイグレーション機能を備えている点がある。

　ライブマイグレーションとは仮想マシンを稼働させた状態のまま別の物理サーバーに移動させる機能だ。ハードウエア障害の予兆を検知した際、ライブマイグレーションで仮想マシンが別サーバーに退避されるため、仮想マシン停止のリスクは他のパブリッククラウドより低い。また、他のパブリッククラウドでは稀に発生する「メンテナンスに伴う仮想マシン再起動」の対応は不要だ。

　また、他パブリッククラウドを利用したことがある方にとって、Compute Engineの反応時間（特に起動時間）の速さを体感的に感じ取れるであろう。ビジネスへの直接的な影響は小さいため比較論じられることが少ないが、このあたりもエンジニアを引き付ける要素となっている。

2-2-1　マシンタイプの種類

　Compute Engineでは幅広いマシンタイプ（メモリーサイズやvCPU数などのセット）からワークロードに合わせて選択できる（**図表2-3**）。

　マシンタイプで適切なタイプがなければ独自にスペックの指定が可能な「カスタムマシンタイプ」がある。カスタムマシンタイプは、事前定義されたマシンタイプと比較すると費用は若干高くなるが、最も適したスペックを柔軟に選択できる。マシンタイプをカスタマイズできる点は他のパブリッククラウドにはないGoogle Cloudの特徴となり、特に大量メモリーを必要とするワークロードにおいて有用な機能となる。

図表2-3　Compute Engineのマシンタイプ

種類	マシンタイプ	概要
汎用	E2、N2、N2D、N1、Tau T2D	費用と柔軟性を考慮して最適化された、一般的なワークロード向けのマシンタイプ
コンピューティング最適化	C2	演算中心のワークロードに適した高性能マシンタイプ
メモリー最適化	M1、M2	メモリー使用量の多いワークロード向けの大容量メモリーマシンタイプ
アクセラレーター最適化	A2	機械学習やデータ処理などのGPUを必要とするワークロードに適したマシンタイプ

2-2-2　確約利用割引と継続利用割引

　Compute Engineでは、他パブリッククラウドにもあるような、利用期間をコミットすることで通常の利用料金よりも課金単価が安く抑えられる「確約利用割引」のほか、リソースの使用率に応じて自動的に割引される「継続利用割引」がある点が特徴の1つだ。

　継続利用割引では、リソースの実行時間が1カ月の25％を超えると自動割引の単価が適用される。割引率はリソース実行時間が増えれば増えるほど上がり、最大30％の割引が適用される。割引率の計算はマシンタイプ別に評価するのではなく、リソースを特定の期間にどれだけ消費するかで評価するものとなり若干複雑なものになっている。ただしベースにある考え方は、継続利用割引の恩恵を受けるためにユーザー側で思慮をめぐらす必要はなく、リソース消費量が大きくなればなるほど自動的に料金を節約できるという考え方にある。

2-2-3　プリエンプティブルVM

　継続利用割引の適用対象外ではあるが、通常の仮想マシン費用の60〜91％オフで利用できる「プリエンプティブルVM」がある。Compute Engineインスタンスを作成する際にプリエンプティブルの項目をオンに

設定するだけで利用できる。プリエンプティブルVMを利用する際の注意点は、起動後24時間以内に必ず停止されることと、Google側のシステム需要に応じて強制的に停止される可能性があること、ライブマイグレーションができないことだ。そのためプリエンプティブルVMは、バッチジョブなどで多くのVMを短期的に利用する場合や、開発環境の費用削減のために利用するとよい。

　本書執筆時点ではプレビュー版だが、プリエンティブルVMの後継となるSpot VMが利用可能だ。Spot VMでは起動後24時間以内に必ず停止される最大ランタイムの制約がなくなっている。

2-2-4　Compute Engineの基本機能

□アクセス制御

　Cloud IAMを利用したプロジェクトレベルのアクセス制御と、ファイアウォールルールを利用したネットワークレベルでのアクセス制御がサポートされている。Compute Engineインスタンス上で実行するアプリケーションは、サービスアカウントを使用することで、仮想マシンごと

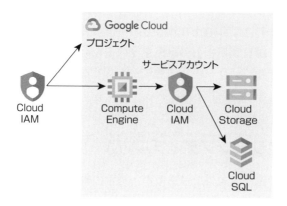

図表2-4　Cloud IAMによるCompute Engineのアクセス制御

に利用可能なサービスを制御できる（**図表2-4**）。

□暗号化

Compute Engineのディスク暗号化に関しては「3-2　Persistent Disk
（永続ディスク）」で解説する。インスタンス上のメモリーを暗号化する
オプションとして「Confidential VM」が用意されている点はGoogle
Cloudの特徴の1つだ。対象となるマシンタイプが限定されるが、本サー
ビスを有効にすることにより、Googleがアクセスできない鍵でVM上の
メモリーを常に暗号化することが可能だ。

　これまで主要なパブリッククラウドにおいて、保存したデータの暗号
化や転送されるデータの暗号化はサポートされてきたが、メモリーに展
開する際はデータが復号されていた。この点が一部エンタープライズに
おいてパブリッククラウドを活用する際の障壁になっていたが、
「Confidential VM」の登場によって遂にこの課題が解消された点は大き
い。

□バックアップ

Compute Engineのバックアップに関しては「3-2　Persistent Disk（永
続ディスク）」で解説する。

□拡張性

Compute Engineでマシンタイプを変更する場合、仮想マシンを停止
してからマシンタイプ（vCPUやメモリー）を編集し、起動するだけで
よい。ディスク領域を拡張するには、コンソール（もしくはgcloudコマ
ンド）でディスクを拡張した後、OS側で拡張ディスクを認識させる必要
があるが、仮想マシンを起動したままディスク拡張やサイズ変更が可能
である。

□耐障害性

Compute EngineのSLAは、月間稼働率99.99％（Multiple Zones）と設

定されている。前述したようにライブマイグレーション機能が提供され
ているため、他パブリッククラウドと比べてインスタンス単体の耐障害
性は高い。

　仮にハードウエアが完全に故障し、ライブマイグレーションが行われ
ずに仮想マシンが停止した場合でも、Compute Engine の可用性ポリ
シーの自動再起動設定をオンにしておくことで、自動的に仮想マシンを
再起動することが可能だ。

2-3 Google Kubernetes Engine (GKE)

　GKEはコンテナの実行環境を提供する「Kubernetes」のフルマネージドサービスである。Kubernetesの概要を解説する。

　KubernetesはGoogleが開発したコンテナクラスタマネジャーの「Borg」から派生したオープンソースソフトのコンテナオーケストレーションツールである。2017年11月にAWSがKubernetesのフルマネージド型サービス「Amazon Elastic Container Service for Kubernetes（Amazon EKS）」を発表したことにより、デファクトスタンダードの地位を確固たるものにした。

　従前よりDockerを利用することでコンテナ実行環境を立ち上げることはできたが、「複数あるDockerホストの管理」「コンテナの死活監視」「コンテナのスケジューリング」「スケーリング（オートスケーリング）」などは自前で検討する必要があり、本番環境で採用するにはハードルが高かった。これら煩雑なコンテナの管理を自動化するツールがKubernetesであり、Kubernetesがプリインストールされた状態で提供され、その恩恵にあずかることができるサービスがGKEとなる。

　GKE（コンテナテクノロジー）を活用したアプリケーション開発において、CI（継続的インテグレーション）／CD（継続的デリバリー）は切っても切り離せない関係にある。CI／CDに関しては第6章で解説する。

2-3-1 Kubernetesの構成要素

　後述するAutopilotモードの登場により若干ハードルが下がったが、GKEを活用する際にはKubernetesの知識が必要だ。ここでは構成要素の外観を簡単に解説する（**図表2-5**）。

　GKEを利用する際、Kubernetesクラスタと呼ばれるコンテナを実行するノードを複数作成する必要がある。ノードはコンテナが稼働するワーカーノードと、それを管理するコントロールプレーンと呼ばれるマス

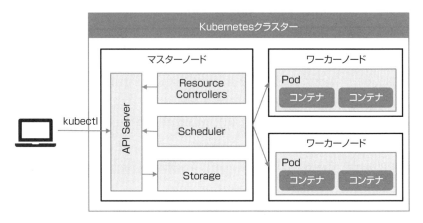

図表2-5　GKEの外観

ターノードに分類される。

　マスターノードはクラスタ内の操作を受け付けるAPI Server、各種リソースを管理するResource Controllers、Podの配置決めを行うScheduler、クラスタ情報を保管するStorageから構成される。

　Podは1つ以上のコンテナで構成され、Kubernetesでデプロイする際の最小単位となる。

2-3-2　標準モードとAutopilotモード

　Kubernetesクラスタを作成する際、標準モードとAutopilotモードのいずれかを選択する必要がある（**図表2-6**）。Kubernetesの構成要素に対しきめ細やかにチューニングできる標準モードと、管理はGoogleに任せるAutopilotモードと捉えればよい。

　GKEのメリットを最大限享受するには、確保するワーカーノードのスペック・台数などワーカーノードの利用効率を上げるための最適な構成検討が求められる。Autopilotモードでは煩雑なノード管理から解放されアプリケーション開発に専念できるため、まずはAutopilot活用を検討す

図表2-6　運用モード

	Autopilotモード	標準モード
ノード管理	Google（ユーザー側でSSH接続できない）	ユーザー
課金	Pod単位の課金	ノード単位の課金
スケーリング	自動スケーリング（ノード）	ユーザー側でスケーリングを管理
メンテナンス	自動アップグレードは必須	自動アップグレードは選択

ることを推奨する。ただし、ワーカーノードのチューニングやオートスケールのチューニング、アップグレードの管理などができないため、大規模なシステムやミッションクリティカルなシステムでは標準モードが必要となるであろう。

2-3-3　GKEの基本機能

□アクセス制御

Cloud IAMを利用したプロジェクトレベルのアクセス制御と、Kubernetes RBACを利用したクラスタレベルと名前空間レベルでのアクセス制御がサポートされている。Kubernetesクラスタ内の全てのオブジェクトとオペレーションに対してきめ細かいアクセス制御が必要な場合には、Kubernetes RBACを活用するとよい。

□暗号化

GKEで利用するディスクは全て自動で暗号化される。暗号鍵はGoogleで管理する暗号鍵を利用する方法と顧客管理の暗号鍵を利用する方法が選択できる。機密情報などを取り扱うケースにおいて自社で鍵管理が必要となった場合には、顧客管理の暗号鍵を利用するとよい。

□バックアップ

　本書執筆時点でプレビュー版だがBackup for GKEを利用することで
アプリケーションデータとGKEクラスタ状態データの定期バックアップ
をスケジュール設定可能だ。プレビュー版ではあるがKubernetes向けの
バックアップ機能を提供している点はGoogle Cloudの特徴の1つである。

□拡張性

　標準モードではオートスケールの設定が可能で、ノードプール単位で
のオートスケール、ワーカーノード単位でのオートスケール、Pod単位
でのオートスケールを設定することが可能だ。Pod単位のオートスケー
ルとして、水平Pod（Pod数の増減）、垂直Pod（CPU、メモリーの最適化）
が選択できる。本書執筆時点でプレビュー版となるが多次元Pod（CPU
ベースの水平スケーリングとメモリーベースの垂直スケーリング）での
オートスケール設定も可能だ。

□耐障害性

　ノードの自動修復機能が備わっており、ヘルスチェックでノードに異
常が検知された場合には、自動的にノードの修復プロセスが開始され
る。
　また、コンテナに対する監視機能も備えており、ヘルスチェックでコ
ンテナに異常が検知された場合には、新規コンテナを起動することが可
能だ。

2-4　Cloud Run

　Cloud Run はコンテナを稼働させるサーバーレスサービスであり、コンテナイメージを格納したURLを指定するかソースリポジトリを指定するだけでアプリケーションを稼働させることが可能だ。ソースリポジトリを指定した場合には、コンテナイメージのビルドが自動的に行われる。

　オートスケール機能を備えており外部からのリクエストに応じて自動的にスケーリングする。オートスケール設定でインスタンスの最小数に0を設定することが可能となっており、外部からアクセスがない場合には0にスケーリングし課金が発生しない。本機能はサーバーレスサービスの特徴となり、開発・テスト環境などで有用である。

　Cloud Run はコンテナをベースとしているので、任意のプログラミング言語やフレームワークを利用でき自由度が高い。この点は他のサーバーレスサービスと比較してCloud Runの特徴の1つだ。

　また、App Engineの特徴の1つであったバージョン管理（リビジョン管理）が備わっておりコンテナの更新や切り戻しを簡単かつ安全に行うことができる点や、Cloud Functionの特徴であった各種イベントをトリガーとして起動できる点も備わっており、汎用性の高いサービスとなっている。

　コンテナを稼働させるサービスとして前述したGKEもあるが、Cloud Run ではKubernetesの知識が不要な点が大きい（Cloud Run はKubernetes上にサーバーレスコンピューティングの基盤を構築するためのオープンソースソフトウエアであるKnativeがベースだ）。半面、Kubernetesクラスタ構成やオートスケールなどのチューニングができない点は注意が必要だ。

2-4-1　Cloud RunとApp Engineの違い

　Cloud Runが発表される前からGoogle Cloudを利用していた方にとって、後述するApp Engineとの違いに困惑した方も多いであろう。ウェブアプリケーションを稼働させるサーバーレスでスケーラブルなサービスというコンセプトはCloud RunとApp Engineに共通する。

　両者の差異はデプロイ対象にある。App Engineではアプリケーション（プログラムコードと構成ファイル）をデプロイするのに対し、Cloud Runではコンテナがデプロイ対象となる（App Engineでは内部的にコンテナにビルドされている）。結果、App Engineはアプリケーション開発者向けのサービスとなっているに対し、Cloud Runはよりインフラ部分のカスタマイズが可能となっており、アプリケーション開発者と運用担当者（インフラ担当者）向けのサービスとなっている。

　サービスとしてどちらが優れているかは一概に言えないが、コンテナベースのシステム開発が主流となりつつあり、コンテナ管理のデファクトとなったKubernetes上のオープンソースソフト（Knative）で構成されたCloud Runが今後主流となっていくのではないだろうか。

2-4-2　Cloud Runの基本機能

□アクセス制御
　Cloud IAMを利用したプロジェクトレベルとサービスレベルのアクセス制御がサポートされている。新規サービスを作成する際、未認証の呼び出しを許可した場合にはサービスが一般公開される。また、ネットワークアクセスの制御も設定でき、「全てのトラフィック」「内部トラフィックとCloud Load Balancingからのトラフィック」「内部トラフィックのみ」を選択可能だ。

□暗号化

　Cloud Runにデプロイされたコンテナイメージは全て自動で暗号化される。暗号鍵はGoogleで管理する暗号鍵を利用する方法と顧客管理の暗号鍵を利用する方法が選択できる。機密情報などを取り扱うケースにおいて自社で鍵管理が必要となった場合には、顧客管理の暗号鍵を利用するとよい。

□バックアップ

　本書執筆時点で、Cloud Runのバックアップやリストアの機能は存在しない。Cloud Runでデータを保管する際は外部のデータストアを利用することが一般的であり、Cloud Run自体のバックアップは考慮不要であろう。

2

2-5　App Engine

　App Engineはウェブアプリケーションを稼働させるサーバーレスサービスであり、プログラムコードと構成ファイルをデプロイするだけでアプリケーションを稼働させることが可能だ。2008年に初めて登場してから、PHP、Java、Python、Go、Ruby、Node.jsがサポートされるなど、様々な仕様の改良・改善が施されている。

　オートスケール機能を備えており外部からのリクエストに応じて自動的にスケーリングする。後述するStandard Environmentではオートスケール設定でインスタンスの最小数に0を設定することが可能となっており、外部からアクセスがない場合には0にスケーリングし課金が発生しない。

　また、バージョン機能が備わっており、アプリケーションの更新や切り戻しが簡単かつ安全に行えることもApp Engineの特徴の1つである。バージョン管理には「トラフィックを分割」する機能が備わっており、IPアドレスやCookieベースなどで、異なるバージョンに一定比率でアクセスを振り分けることができる。この機能を使うことで、新しいバージョンのエラー状況などを確認しながら時間をかけて公開していくことや、バージョン間でA／Bテストを実施することが可能だ。

　App Engineの最大の魅力は、プログラムコードと構成ファイルをデプロイするだけで簡単にウェブアプリケーションを構築できる点にあるだろう。実際、グローバルに展開しているエンタープライズシステムで、App Engineを最大限活用することにより、数人のアプリケーション開発者のみで運用している事例も存在する。

2-5-1　StandardとFlexible

　App EngineにはStandard Environment（以下、SE版）とFlexible Environment（以下、FE版）がある（**図表2-7**）。

図表2-7 SE版とFE版の相違点

機能	SE版	FE版
インスタンスの起動時間	秒	分
デプロイ時間	秒	分
リクエストの最大タイムアウト	ランタイム依存	60分
SSHデバック	×	○
ゼロスケーリング	○	×（最小1）
ランタイムの変更	×	○（Dockerfile経由）
サポートされている言語	Python、Java、Node.js、PHP、Ruby、Go	任意の言語（カスタムランタイム）

　SE版は機能が絞られているが、インスタンスの起動時間がミリ秒単位（遅くても数秒）と高速である。エンドユーザーからの突発的なバーストトラフィックに対しても、高いサービスレベルを維持したままサービス提供することが可能だ。

　一方のFE版は、Compute Engine上で展開するDockerコンテナとなっており、SE版に比べて機能が豊富で自由度が高いがインスタンスの起動に分単位で時間がかかる（Cloud Runと比較しても遅い）。コンテナ型のサーバーレスサービスが必要となる際はCloud Runも併せて検討するとよい。

2-5-2 App Engineの基本機能

□アクセス制御

　Cloud IAMを利用したプロジェクトレベルのアクセス制御と、App Engineサービス、バージョン、コードレベルでのアクセス制御がサポートされている。また、ネットワークアクセスの制御も設定でき、アクセ

ス元IPの範囲を指定して特定のIPアドレスからの通信を許可／拒否する
設定が可能だ。

□暗号化

　SE版ではローカルディスクへデータを永続的に保存できないため、
データを保管する際は外部のデータストアを活用することになる（暗号
化は外部データストアに依存する）。FE版では、バックエンドのインス
タンスにCompute Engineが利用されておりデータを書き込む際に自動
的に暗号化される。

□バックアップ

　本書執筆時点で、App Engineのバックアップやリストアの機能は存
在しない。App Engineでデータを保管する際は外部のデータストアを
利用することが一般的であり、App Engine自体のバックアップは考慮
不要であろう。

2-6 Cloud Functions

　Cloud Functionsは関数を実行するサーバーレスサービスであり、HTTPリクエストによって直接呼び出すか、「指定されたCloud Storageバケットへのオブジェクト作成」といった各種イベントをトリガーとして呼び出される。ファイルの作成、変更、削除などのイベントをトリガーとするETL処理や、軽量のAPIやWebhookなどで活用される。

　オートスケール機能を備えており処理に応じて自動的にスケーリングする。処理時間よりも費用を制限したいユースケースでは、インスタンスの最大数を適切に設定することで費用抑制が可能だ。

　料金は関数の呼び出し回数、関数の実行期間、関数に対してプロビジョニングされたリソースの数に応じて決まるが、1カ月当たり200万回の関数呼び出しは無料となるなどの無料枠が設定されている。

2-6-1 Cloud Functionsを利用する上での制約

　Cloud Functionsにはいくつかの利用上の制約が存在する（**図表2-8**）。汎用的に利用できるサービスではあるが、これら制約を考慮して他サービスと組み合わせて活用する必要がある。

図表2-8　Cloud Functions利用上の制約

項目	仕様
タイムアウト	関数の実行時間はデプロイ時に指定されたタイムアウト時間によって制限され（デフォルト1分、最大9分）、タイムアウト時は呼び出し側にエラー応答される
サポート言語	サポートされている言語はNode.js、Python、Go、Java、.NET、Ruby、PHPとなり、ランタイムはCloud Functionsで管理されているため他の言語は利用できない
ステートレス	関数は他の全ての関数から分離され、メモリー、グローバル変数、ファイルシステムなどの状態は共有されない。関数間でデータを共有するにはFirestore、Cloud Storageなどの外部データストアを利用する必要がある

2-6-2　Cloud Functionsの基本機能

□アクセス制御

　Cloud IAMを利用したプロジェクトレベルのアクセス制御と、OAuth 2.0によるアクセス制御がサポートされている。また、個々の関数に対してネットワークアクセスの制御も設定でき、アクセス元IPの範囲を指定して特定のIPアドレスからの通信を許可／拒否する設定が可能だ。

□暗号化

　デプロイ時に関数に渡されるデータ、関数のコードからビルドされたコンテナイメージなどは全て自動で暗号化される。暗号鍵はGoogleで管理する暗号鍵を利用する方法と、本書執筆時点でプレビュー版だが顧客管理の暗号鍵を利用する方法が選択できる。

□バックアップ

　本書執筆時点で、Cloud Functionsのバックアップやリストアの機能は存在しない。Cloud Functionsでデータを保管する際は外部のデータストアを利用することが一般的であり、Cloud Functions自体のバックアップは考慮不要であろう。

第 3 章

ストレージ

3-1　ストレージサービスの種類

　Google Cloudにはブロックストレージとして「Persistent Disk」、ファイルストレージとして「Filestore」、オブジェクトストレージ、アーカイブストレージとして「Cloud Storage」が用意されている（**図表3-1**）。第3章ではそれぞれのサービスに関して特徴を解説する。

　「アーカイブ」という用途が名称に含まれるアーカイブストレージに対して、ブロックストレージ、ファイルストレージ、オブジェクトストレージは名称から用途をイメージしづらいかもしれない。これらを簡単に解説する。

□ブロックストレージ

　ブロックストレージは、データを「ブロック」単位に分割し、それぞれに一意の識別子を付けて最も効率的な場所に保存する。オンプレミスではSAN（ストレージ・エリア・ネットワーク）で活用されていたテクノロジーだ。ユーザー（アプリケーション）からデータ要求リクエストがあると、「ブロック」を再構築しユーザー（アプリケーション）にデータを提供する。その特性上、高速かつ効率的なデータ転送が可能だ。

図表3-1　ストレージサービス

サービス	分類	概要
Persistent Disk	ブロックストレージ	仮想マシンにアタッチ可能なストレージ
Filestore	ファイルストレージ	フルマネージドのファイルストレージ（NFSファイルサーバー）
Cloud Storage	オブジェクトストレージ アーカイブストレージ	データ容量が無制限で高い耐久性を持つストレージ

□ファイルストレージ

　ファイルストレージはなじみやすいアクセス方式だ。データを「ファイル」として扱い、ディレクトリーやフォルダー、個々のファイルを介してデータにアクセスする。オンプレミスの世界ではNAS（ネットワーク・アタッチド・ストレージ）で活用されていたテクノロジーである。構成がシンプルである半面、データへのアクセスは単一のパスによって制限されるため、パフォーマンスでは他の方式に劣る。

□オブジェクトストレージ

　オブジェクトストレージはこの中間に位置し、データを「オブジェクト」と呼ばれる単位で管理し、フォルダー内のファイルやサーバー上のブロックではなく、1つのリポジトリ上で管理される。ブロックストレージとの違いとして、メタデータのカスタマイズが可能で、データに関する追加情報を管理できる特徴があるため、動画ファイルなどの非構造化データに適した保存形式となっている。半面、データに変更が加えられると新しいオブジェクトが作成されるため、頻繁に変更されないデータに適したストレージだ。

　以降ではそれぞれのサービスに関して、特徴および利用に際しての注意点を解説する。

3

3-2 Persistent Disk (永続ディスク)

　仮想マシンにアタッチ可能なブロックストレージとして、永続ディスクとローカルSSDが存在する。

　ローカルSSDは仮想マシンをホストするサーバーに物理的に接続されるため高いI／O性能・低レイテンシーが期待できるが、インスタンスを停止または削除した際にデータが失われる。結果、データ分析処理での活用など限られたユースケースに限定されるため、本書では永続ディスクに絞って解説する。

3-2-1　永続ディスクの種類

　永続ディスクは「冗長性」と「性能」を組み合わせたタイプを選択できる（**図表3-2**）。

　リージョン永続化ディスクはGoogle Cloudが持つ特徴的な機能となる。本サービスを活用することで、同一リージョン内の異なるゾーンにデータが自動で同期されるため、ゾーン障害時に迅速な復旧が可能となる。ただし、性能面ではゾーン永続化ディスクに劣る点は注意が必要と

図表3-2　永続ディスクの種類

ロケーション	概要	データの冗長性
シングルゾーン	特定リージョン内のシングルゾーンで稼働	ゾーン
リージョン	特定リージョン内の異なるゾーンにフェイルオーバーレプリカを作成して高可用性を実現	マルチゾーン

タイプ	概要	性能	価格
標準	コスト重視のディスク	低	低
バランス	コストとパフォーマンスのバランスが取れたディスク	中	中
SSD	パフォーマンス重視のディスク	高	高

なる。

　性能に関しては、ディスクサイズやvCPU数に比例して自動でスケールする仕様となるため、それも加味したタイプ選択が必要となる。ただし、永続ディスクのタイプはスナップショットを活用することでいつでも変更可能である。ディスクタイプに悩んだ際は一旦バランス永続ディスクを採用しワークロードに合わせてタイプを変更することを推奨する。

3-2-2　永続ディスクの基本機能

□暗号化

　Google Cloud上のデータは以下のようにデータ暗号鍵（DEK）、鍵暗号鍵（KEK）により2重で暗号化される。

(1)　データをChunkと呼ばれる単位に分割
(2)　各Chunkが異なるDEKで暗号化
(3)　各DEKをKEKで暗号化

　永続ディスクにデータを保存する際、KEKを管理する方法として3つの選択肢が用意されている（**図表3-3**）。鍵の管理負荷は高いため、特殊な要件が無い限りデフォルト、顧客管理タイプを推奨する。

図表3-3　永続ディスクの暗号化タイプ

タイプ	概要
デフォルト	GoogleがKEKを管理（ユーザー側で設定は不要）
顧客管理	ユーザーがGoogle Cloud Key Management Serviceで鍵を管理
顧客指定	ユーザーがGoogle Cloudの外部で鍵を管理

□バックアップ

　ここでは永続ディスクをアタッチしている仮想マシンのバックアップ方法を解説する。仮想マシンのバックアップ方法としては以下の3種類が用意されている（**図表3-4**）。

　永続ディスクに保存されたデータのバックアップとしては、廉価で利用分のみ課金されるスナップショットを利用することが主流だ。オートスケールする際のベースイメージとして利用する場合や、プロジェクト間でイメージを共有する際はカスタムイメージを活用する。

　マシンイメージは、インスタンス全体をバックアップするサービスだ。カスタムイメージと異なり、複数ディスクのバックアップ、インスタンス構成（マシンタイプ、ラベル、ボリュームマッピング、ネットワークタグなど）のバックアップが可能だ。仮想マシン全体のバックアップ保管、複数のインスタンスを作成する際のゴールデンイメージとして重宝される機能であろう。

図表3-4　永続ディスクのバックアップ

	スナップショット	カスタムイメージ	マシンイメージ
単一ディスクのバックアップ	○	○	○
複数ディスクのバックアップ	×	×	○
差分バックアップ	○	×	○
プロジェクト間共有	×	○	○
インスタンス構成のバックアップ	×	×	○

3-3 Filestore

Filestore は Compute Engine や GKE から利用可能なフルマネージドな
ファイルストレージ（NFS ファイルサーバー）である。従来型の共用
ファイルシステムを必要とするアプリケーションを Google Cloud 上にマ
イグレーションする際に有用である。

3-3-1 Filestoreの種類

Filestore では3種類のタイプが提供されている（**図表3-5**、本書執筆時
点でHigh Scaleはプレビュー版）。

図表3-5 Filestoreのタイプ

	Basic	Enterprise	High Scale
容量	1～63.9TB（HDD） 2.5～639TiB（SSD）	1～10TB	10～100TB
最大読み取り スループット	100MB/s（HDD） 1200MB/s（SSD）	1200MB/s	2600MB/s（10TB） 2万6000MB/s （100TB）
最大書き込み スループット	120MB/s（HDD） 350MB/s（SSD）	1000MB/s	880MB/s（10TB） 8800MB/s（100TB）
最大読み取り IOPS	1000（HDD） 6万（SSD）	12万	9万（10TB） 92万0000（100TB）
最大書き込み IOPS	5000（HDD） 2万5000（SSD）	4万	2万6000（10TB） 26万0000（100TB）
価格 （単位／月）	246ドル/TB（HDD） 369ドル/TB（SSD）	737ドル/TB	369ドル/TB
対象	ゾーン	リージョン （ゾーン間で分散）	ゾーン
データ復旧	バックアップ	スナップショット	——

┃ 3-3-2　Filestoreの基本機能

□アクセス制御

Filestoreでは、Filestoreインスタンスへのアクセス保護にKerberos認証がサポートされていない。Cloud ConsoleからIPアドレスを基に特定のアクセスレベルをクライアントに付与するルールを作成することで、Filestoreインスタンスへのアクセス制御が可能となる。

Cloud IAMでは、Filestoreインスタンスに対するオペレーション（インスタンス作成・削除など）の制御は可能だが、Filestoreインスタンスへの接続を制御することはできない。

読み取り、実行などのファイル共有に対するオペレーションへのアクセス制御はPOSIXファイル権限で制御できる。

□暗号化

全てのデータは、操作中、保存中を問わず自動的に暗号化される。暗号鍵に顧客管理の暗号鍵を指定できる（本書執筆時点でプレビュー版）。

□バックアップ

全てのファイルデータ・メタデータを含む共有ファイルのコピーをバックアップとして作成することが可能である。初回バックアップは共有ファイルの完全コピーとなり、以降のバックアップは差分バックアップだ。

バックアップはリージョンリソースとなり、Filestoreインスタンスと同じリージョン、またはリージョン間の冗長性確保のために別のリージョンにバックアップを作成できる。

本書執筆時点でプレビュー版だが、Enterpriseタイプではスナップショットによるバックアップが可能だ。NFSファイルサーバーを運用していた方にはなじみのある機能であり、ファイルデータの世代管理を行える。

3-4 Cloud Storage

Cloud Storageはテキストファイルや画像・動画などの非構造化データを格納するストレージサービスである。AWSではAmazon S3に相当し、一般に「オブジェクトストレージ」と呼ばれる。データ容量が無制限で高い耐久性（99.999999999％）を持つ。

主な活用シーンは、ファイルの静的配信（画像や動画のマルチメディアコンテンツの配信など）や、Google Cloud上で動作する各種サービスのデータストア、バックアップ、アーカイブデータの保管である。

3-4-1 バケットとオブジェクト

Cloud Storageを利用する際、「プロジェクト」内に「バケット」というデータを格納する器を設定し、そこにデータ（「オブジェクト」と呼ぶ）を格納する（**図表3-6**）。1オブジェクトの最大容量は5TBだが、バケット内のオブジェクト数に制限は無いため、事実上無制限の容量を利用できる。

オブジェクトの操作はコンソール画面、コマンドライン（gsutil）、クライアントライブラリ、REST API経由でアクセス可能である。本書執

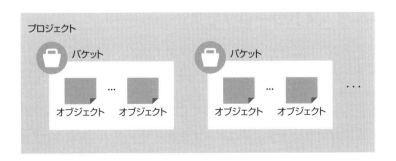

図表3-6 バケットとオブジェクト

筆時点でプレビュー版であるが、 gcloud storageコマンドを利用することで転送速度の向上が期待できる。また、オープンソースソフトの「Cloud Storage FUSE」を利用することで、バケットをLinuxまたはmacOSシステム上でファイルシステムとしてマウントできるが、ファイルストレージが必要な場合は前述したFilestoreの利用を推奨する。

3-4-2　バケットのロケーション

バケットにはオブジェクトデータを保存するロケーションが設定される。ロケーションタイプとして「リージョン」「デュアルリージョン（リージョンの特定のペア）」「マルチリージョン（ASIA、EU、USなど特定の地域）」が選択可能だ。「デュアルリージョン」「マルチリージョン」は地理的に冗長化されるため可用性も高い。「デュアルリージョン」でasia1を選択することにより、東京リージョンと大阪リージョンのペアを選択できる。

データ分析処理などのデータストアとして活用し、レイテンシーを抑えたい場合には「リージョン」を、リージョンと同等のパフォーマンスに加えて地理的な冗長性を確保したい場合には「デュアルリージョン」（ただしコストはリージョンのおおよそ2倍）を、レイテンシーよりも可用性を重視する場合は「マルチリージョン」を選択するとよい。

3-4-3　ストレージクラス

オブジェクトにはそれぞれ「ストレージクラス」が設定される。ストレージクラスには4種類あり、クラスによって「可用性」「最小保存期間」「価格」が異なる（図表3-7）。

最小保存期間が設定されているストレージクラスを選択した場合、規定された保存期間に達する前にデータを削除できるが、規定された期間保存された場合と同じ料金が請求される。

高可用性が求められるデータには「Standard」を、やや低い可用性で

図表3-7　Cloud Storageのストレージクラス

	Standard	Nearline	Coldline	Archive
概要	アクセス頻度が高く高可用性が求められるデータに最適	月に1回程度しかアクセスしないデータに最適	数カ月に1回程度しかアクセスしないデータに最適	年に1回程度しかアクセスしないデータに最適
可用性[※1]	99.90%	99.00%	99.00%	99.00%
最小保存期間	N/A	30日	90日	365日
保管価格[※2] (GB 単位／月)	0.023ドル	0.016ドル	0.006ドル	0.0025ドル
操作価格[※3] (単位／月)	0.004ドル	0.01ドル	0.05ドル	0.5ドル

※1 ロケーションタイプが「リージョン」でのSLA
※2 本書執筆時点の東京リージョンにおける価格
※3 本書執筆時点の東京リージョンにおけるオブジェクト取得価格（1万オペレーション）

3

も許容できる場合にはアクセス頻度に応じて「Nearline」「Coldline」「Archive」を選択する。ストレージクラスは後から変更できるため、後述するライフサイクル管理機能を利用して自動的に変更するとよい。

3-4-4　ライフサイクル管理

　Cloud Storageにはライフサイクル管理機能が備わっており、設定した条件に一致した際、オブジェクトの削除またはストレージクラスの変更を自動的に実施できる。具体的には以下のようなユースケースで活用される。

・バケットに格納してから一定時間が経過したらNearline、さらに時間が経過したらColdlineにストレージクラスを変更する

・3世代より前のバックアップ（バージョニング）を削除する

　バージョニング機能を有効にしたバケットを作成する際、「オブジェクトあたりのバージョン上限数」「非現行バージョンの有効期限」の設定が必要となるが、この値を入力することでライフサイクル管理のルールが自動で設定されている。コスト低減にはストレージクラス変更も有効な手段であるため、追加でルール設定することを推奨する。

3-4-5　保持ポリシー

　保持ポリシーを設定することで、バケットのオブジェクトがアップロードされた後、指定した最小期間の間、そのオブジェクトが削除または変更されないようにできる。監査ログを改ざんできない状態にするなど、規制やコンプライアンス要件への対応で重宝する機能だ。

3-4-6　Cloud Storageの基本機能

□アクセス制御
　アクセス制御には「Cloud IAM（以下、IAM）」と「アクセス制御リスト（以下、ACL）」を利用することが可能だ（**図表3-8**）。ACLを利用することで個々のオブジェクトへのアクセス権限をきめ細かく制御する

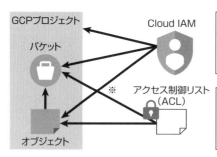

図表3-8　Cloud Storageのアクセス制御

ことが可能だが、ACLの管理が非常に煩雑になる。基本的にはバケット設計を適切に行い、バケットレベルのアクセス制御（IAM）で管理することを推奨する。

IAMはCloud Storage専用の機能ではなく、Google Cloudのほかのリソースのアクセス権限も一元的に制御できるので、煩雑になりがちなアクセス権限を集中管理できる。均一なバケットレベルのアクセスを有効にすることでACLを無効化することが可能となる。IAMで管理できないユーザーからのアクセスを制御する場合、ACLを利用するとよい。

そのほか、URLを知っている人であれば誰でも期間限定でバケット内のオブジェクトにアクセスできる「署名付きURL機能」も利用できる。この機能を利用することで、期間限定でリソースへのアクセス権限を付与できる。また、本書執筆時点でプレビュー版だが「公開アクセスの防止機能」が備わっている。この機能を有効にすることで、バケットやオブジェクトが誤って外部に公開されることを防げる。

□暗号化

Cloud Storageにオブジェクトを保存する際、ディスクに書き込まれる前に自動的に暗号化され保存される。これはデフォルト機能であり、追加料金などは発生しない。

また永続ディスク同様、Googleで管理する暗号鍵の代わりに、ユーザー側で管理する暗号鍵（顧客管理または顧客指定）を利用することが可能である。ただし顧客指定の鍵を使う場合、一部サービスでは暗号化されたオブジェクトを使えないのに加え、鍵を一定期間で変更しようとしたとき既存のオブジェクトが古い暗号鍵で暗号化されたままになるなど管理負荷が高い。特殊なユースケースを除き、顧客指定の鍵を利用することは推奨しない。

□バックアップ

Cloud Storageには「バージョニング機能」が備わる。これは、オブジェクトの変更履歴を確保する機能で、オブジェクトの上書き・削除の

たびに、変更前のオブジェクトが「非現行バージョン」として自動的に
作成される。

　なお、非現行バージョンも課金対象となるため、バージョニング機能
を有効にする際は、前述したライフサイクル管理機能と併用することを
推奨する。ライフサイクル管理機能により、新しいバージョンがアーカ
イブされた際、最も古いバージョンのオブジェクトを自動で削除すると
いった管理が可能だ。

第 4 章

データベース

4-1　データベースサービスの種類と使い分け

　Google Cloudにはリレーショナルデータベース（RDB）からNoSQLデータベース（Key-Value型やドキュメント型）、インメモリーデータベースまで幅広いデータベースサービスが用意されている（**図表4-1**）。まずは各サービスの簡単な紹介とその使い分けに関して解説する。

　主要なデータベースサービスの使い分けに関してフローチャートに整理する（**図表4-2**）。他のサービス含めて全体像を把握するため、第3章で紹介した「Cloud Storage」、第7章で紹介する「BigQuery」もフローチャートに含めている。

①構造化データ

　格納するデータが画像データやテキストファイルなど構造化されていない場合は「Cloud Storage」一択となる。「Cloud Storage」は99.999999999％（イレブンナイン）の年間耐久性を実現するよう設計された容量無制限のストレージサービスで、使い勝手が良い。システム内・システム間でのデータの受け渡しや、アプリケーションの配布など、データの保存以外でも多く利用される。

図表4-1　データベースサービスの種類

サービス	分類	概要
Cloud SQL	RDB	MySQL、PostgreSQL、SQL Serverをサポートするフルマネージドリレーショナルデータベース
Cloud Spanner	RDB	グローバルでのスケーリング、強整合性、最大99.999％の可用性を備えたフルマネージドリレーショナルデータベース
Cloud Bigtable	キーバリュー	低レイテンシーで高スループットなKey-Valueストア
Firestore	ドキュメント	フルマネージドでスケーラブルなサーバーレスのドキュメントデータベース
Memorystore	インメモリー	RedisとMemcachedをサポートするフルマネージドインメモリーデータベース

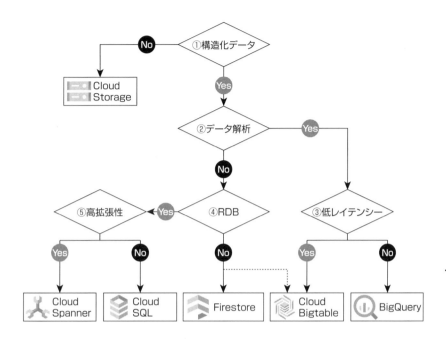

図表4-2　データベースサービス選択フロー

②データ解析

　データ解析用途などで大きなサイズのデータを保管する場合は、BigtableとBigQueryが候補となる。両サービスともPB（ペタバイト）クラスまで拡張でき、高い検索性能を保持している。

③低レイテンシー

　BigtableとBigQueryの最大の違いはそのレイテンシーにある。Bigtableは同一リージョン内にあるCompute Engineインスタンスからのリクエストであれば、10ミリ秒以内に応答できる。単純なクエリーしか処理できないが、高い応答性能が求められるリアルタイム解析用途においてはBigtableが候補となる。ミリ秒単位での応答を必要としない準リアルタイム解析、またはバッチ処理によるデータ解析用途ではBigQuery

が採用される。単純なクエリーしか処理できないBigtableと異なり、比較的複雑なクエリーを処理できるBigQueryは使い勝手が良い。

④リレーショナルデータベース（RDB）

FirestoreはSQLライクな問い合わせとACIDトランザクションをサポートしているが、その構造はRDBとは異なっており、複数テーブルの結合など複雑なクエリーには対応していない。データストアとしてRDBが必要な場合はCloud SQLとCloud Spannerが候補となる。Firestoreは、サーバーレスで稼働し、Cloud SQLやCloud Spannerと比較して廉価であるため、必ずしもRDBを必要としないケースにおいては、Firestoreの検討も推奨する。その際、低レイテンシーで高スループットなKey-Valueストアが必要となる場合、Bigtableも候補となる。

⑤高拡張性

Cloud SQLには処理負荷に応じてインスタンス数を変更する機能（水平スケーリング機能）は備わっていない。そのため、Read性能が不足した際はリードレプリカによるスケールアウト、書き込み性能が不足した際はリソースを拡張するスケールアップが必要となる。一方、Cloud Spannerは大規模かつグローバルに水平スケーリングすることが可能だ。高い拡張性が求められるケースではCloud Spannerが候補となる。

以降ではそれぞれのサービスに関して、特徴および利用に際しての注意点を解説する。

4-2 Cloud SQL

　Cloud SQLはGoogle Cloudでリレーショナルデータベースをフルマネージドで利用できるサービスだ。 AWSのAmazon RDS相当である。OSやデータベースのインストールと設定は実施済みの状態で提供され、パッチ適用やバックアップも自動で実施される。オンライントランザクション処理システムやオンプレミスの既存システムからの移行で、RDBを必要とする際に有用である。

▌4-2-1 データベースエンジン

　本書執筆時点ではデータベースエンジンとしてMySQLとPostgreSQL、SQL Serverが選択可能である。多くのエンタープライズシステムで導入されているOracle Databaseはサポートされていない。 Google CloudでOracle Databaseを利用するには「Bare Metal Solution」が必要だ。特殊なユースケースを除き、Google CloudではOracle Databaseを利用できないと考えた方がよい。

　Cloud SQLではOSやデータベースエンジンの更新はGoogle側で実施されるが、その際にダウンタイムが発生する点は注意が必要となる（同じRDBサービスであるCloud Spannerではダウンタイムが発生しない）。ダウンタイム時間はMySQLで60秒以内、 PostgreSQLで30秒以内、 SQL Serverで120秒以内だ。数カ月に1度の頻度でメンテナンスが必要なため、Cloud SQLを採用する際はこの点を認識しておきたい。

▌4-2-2 Cloud SQLの基本機能

□耐障害性

　高可用性（HA）構成が採用でき、HAの有効化により、プライマリイ
ンスタンスの障害時に自動でフェイルオーバーできる。Cloud SQLの
HA機能はストレージレイヤー（永続ディスクの機能）で実現されてい
る。トランザクションがcommitされたとしてアプリケーションに応答を
返す前にストレージレイヤーで同期が完了しているためデータの同期が
保証されている。プライマリとスタンバイは同一リージョンの別ゾーン
で稼働させられるがマルチリージョン構成を採用することはできない。

　リージョン障害への耐性を保つには、後述するリードレプリカのクロ
スリージョンリードレプリカ機能を使う必要がある。リージョン障害時
に別リージョンにあるレプリカを昇格させることによってCloud SQLを
リカバリーすることが可能となる。ただし、この場合にはフェイルオー
バーは自動的に行われないこと、レプリケーションは非同期であるため
一部トランザクションが失われる可能性があることに注意したい。

□拡張性

　CPU、メモリーに関してはマシンタイプを変更することで拡張できる
（本書執筆時点で最大96コア、624GB）。ただし、マシンタイプ変更時は
数分間のダウンタイムが発生する。

　ストレージに関しては自動拡張機能が備わっており利用可能なスト
レージがしきい値サイズを下回ると自動的にストレージ容量が追加され
る（最大64TB）。便利な機能ではあるが、開発フェーズにおいて意図せ
ず必要なストレージ容量が一時的に急増した際、ストレージコストが増
大するリスクがあるため、開発環境での利用は控えることを推奨する。

　また、リードレプリカ（プライマリのコピーを作成し、Read処理を負
荷分散させる機能）を作成することにより、プライマリインスタンスの
処理をオフロードできる。リードレプリカは読み取り専用となるため、
参照処理を明示的にリードレプリカに接続するという管理が必要になる。

　前述したHA構成を採用する場合には、リードレプリカをプライマリ
とは異なるゾーンに配置することを推奨する。これにより、プライマリ
が配置されたゾーンで障害が発生しても、リードレプリカのオペレー

ションを継続できる。

□アクセス制御

Cloud SQLインスタンスに接続するパスとして接続元をVPC（仮想プライベートクラウド、詳細は第5章を参照）に限定する内部（プライベート）IPを付与する方法とインターネットにアクセスできる外部（グローバル）IPを付与する方法がある（Google Cloudではインターネット環境で利用可能なIPアドレスを「グローバルIP」と呼ばず、「外部IP アドレス」と呼ぶ）。エンタープライズでのほとんどのユースケースでは内部IPを付与することになるだろう。内部IPを付与することにより、ファイアウォールルールでのアクセス制御が可能だ。

前書の執筆時点（2018年5月）では、Cloud SQLの接続ポイントは外部IPアドレスとなっており、適切なアクセス制御が必要だった。ゼロトラストコンセプトを推進するGoogleらしいアプローチではあるが、このあたりの機能拡張にもGoogleのエンタープライズシフトが見て取れるのは興味深い。ただしAmazon RDSと異なり、Cloud SQLはVPC内で起動する構成とはなっておらず、プライベートサービスアクセスを設定してVPCに接続する構成である点は認識しておきたい。

Cloud SQLの接続（認証）として、旧来型のデータベース組み込み認証（ユーザー名／パスワード）とIAMデータベース認証（アクセストークン／IAM）が可能だ。IAMデータベース認証機能は2021年にローンチされた機能だ。データベースアクセスに関するユーザー管理や認証フローの簡素化が期待できるため、活用を検討したい。

□暗号化

Cloud SQL上のデータは、データ転送中およびデータベース保存時も全て自動で暗号化される。暗号鍵はGoogleで管理する暗号鍵を利用する方法と顧客管理の暗号鍵を利用する方法が選択できる。機密情報などを取り扱うケースにおいて自社で鍵管理が必要となった場合には、顧客管理の暗号鍵を利用するとよい。

□バックアップ

　自動バックアップとオンデマンドによるバックアップ取得が可能である。自動バックアップでは、4時間のバックアップ時間枠を指定することにより、その時間枠内に自動的にバックアップが開始され、各インスタンスではデフォルト設定で7世代がGoogle Cloud側で管理される。バックアップデータのローテーション管理が不要となるため、自動バックアップ機能は有効にすることを推奨する。ある特定の断面のバックアップを保持しておきたい場合には、オンデマンドでバックアップを取得するとよい。オンデマンドでバックアップを取得した場合には、手動で削除するまでデータは保持される。

　バックアップからの復元は、元のインスタンスへの復元のほか、同一プロジェクトの別インスタンスに復元することも可能である。なおインスタンスを特定の時点に復元する際（ポイントインタイムリカバリーで復元する際）は、別インスタンスへの復元が必要となる。

4-3 Cloud Spanner

Cloud Spannerは高い整合性と大規模水平スケーリングの機能を備えた、従来のRDBとNoSQLのいいところ取りを実現したRDBサービスだ（**図表4-3**）。本書執筆時点においてAWSには同様のサービスは存在せず、Google Cloudの特徴的なサービスの1つとして挙げられる。

高い整合性と大規模水平スケーリングの両立はCAP定理（一貫性、可用性、ネットワーク分断への耐性の3つを同時に実現することは不可能とされる定理）に反しているように思えるが、Cloud Spannerは様々な工夫によってCAP定例の制約を緩和している。例えば、ネットワークの分断が発生した際、100％の可用性を追い求めるのではなくデータの整合性確保を選択するアーキテクチャーとなっている。それでもCloud Spannerの稼働率は99.999％（マルチリージョン構成）に設定されており、一般的なシステムで採用するケースでは十分に高い可用性を達成できている。

	Cloud Spanner	従来型RDB	従来型NoSQL
スキーマ	構造化	構造化	スキーマレス
SQL	● (利用可)	● (利用可)	- (利用不可)
整合性	● (Strong)	● (Strong)	- (Eventual)
可用性	● (Act-Act)	- (Act-Standby)	● (Act-Act)
拡張性	● (Horizontal)	- (Vertical)	● (Horizontal)

図表4-3 Cloud Spannerの特徴

　主な適用対象は、Cloud Spannerの特徴である大規模水平スケーリングとマルチリージョン構成を生かせるシステムだ。登場当初は、Insert、Update、DeleteといったSQLがサポートされていない、バックアップ機能がないなど従来型RDBに比べて設計上の制約が存在したため、採用に向けてハードルが高かった。しかしその後、PostgreSQL互換のインターフェースを備えるなど、ハードルが下がってきている。

4-3-1　マルチリージョン構成

　インスタンスを作成する際、「リージョン」と「マルチリージョン（リージョンの特定のペア）」を選択できる。マルチリージョン構成を採用するメリットとしては、地理的な冗長性を確保できること（DR対策）、世界中のユーザーに対して地理的に近いロケーションからのデータアクセスが可能となること（レイテンシーの減少）が挙げられる。
　マルチリージョン構成の組み合わせとして「asia1（東京と大阪）」が選択できる。データは日本国内に留めておきたいが、地理的な冗長性を確保したいエンタープライズにとっては魅力的なサービスとなるであろう。

4-3-2　コンピューティング容量の指定

　インスタンスを作成する際、コンピューティング容量の割り当て単位として「処理ユニット」「ノード」が指定できる。処理ユニットでは100処理ユニットから指定可能となる。

・1ノード：1000処理単位
・1ノード：最大1万QPS（クエリー／秒）の読み取りまたは最大2000QPS（行ごとのデータ量を1KBとする）の書き込み

　これまでコンピューティング容量の指定はノード単位となっており、Cloud Spannerは魅力的なサービスである半面、その価格が採用の障壁

となっていた（最小構成において価格がCloud SQLの約7倍）。特に開発・テスト環境やスモールスタートを志向するサービスにとってオーバースペックな仕様となっており、採用に躊躇（ちゅうちょ）するシーンも見受けられた。

本書執筆時点でプレビュー版だが、小規模なユースケースでは処理ユニット単位で指定することにより、以前の10分の1のコストでCloud Spannerを活用し始めることが可能だ。採用に向けての障壁が下がったため、ぜひこの斬新なサービスを試していただきたい。

4-3-3　設計上の制約

従来型RDBの機能を備え大規模な水平スケーリング機能を可能にしたSpannerが登場したのでCloud SQLは不要になるかといえば、実はそうでもない。SpannerのアーキテクチャーはFirestoreに近く、従来型RDBに比べ設計上の制約が存在する。主な設計上の制約を下記に示す。

□物理レイアウトを意識したスキーマ設計が必要

Spannerを利用する上で、ホットスポットを回避したスキーマ設計が必要となる。ホットスポットとはあるテーブルの処理が特定のノードに集中してしまうことを意味する。この状態が発生すると、期待したパフォーマンスが発揮されない。そのため、データベースにホットスポットを作成しないように主キーを慎重に選択する必要がある。逆にデータに関連性があり、まとめてアクセスされることが多い場合には、インターリーブを使用してデータを分散配置させないようにクラスタ化する必要がある。

□AUTO_INCREMENTやSEQUENCEのような自動採番機能がない

多くのシステム（RDB）では、AUTO_INCREMENTやSEQUENCEのような自動採番機能を活用し、アプリケーション開発を効率化しているであろう。Spannerには自動採番機能がないため、アプリケーション

側で自動採番機能を実装する必要がある。Spannerの構造上、主キーの値が単調増加すると、ホットスポットが発生する可能性があるため、あえて機能として備わっていないと推測される。

4-3-4　Cloud Spannerの基本機能

□アクセス制御

Cloud IAMを利用したインスタンスレベルのアクセス制御と、データベースレベルでのアクセス制御がサポートされている。データベースへの読み取り・書き込みといったオペレーションは制御できるが、テーブル単位でのきめ細やかな制御はできない。

□暗号化

Cloud Spanner上のデータは、データ転送中およびデータベース保存時も全て自動的に暗号化される。暗号鍵はGoogleで管理する暗号鍵を利用する方法と顧客管理の暗号鍵を利用する方法が選択できる。機密情報などを取り扱うケースにおいて自社で鍵管理が必要となった場合には、顧客管理の暗号鍵を利用するとよい。

□バックアップ

Cloud Spannerが備えるバックアップ機能とCSV、Avro形式でのエクスポートが可能だ。いずれもオンデマンドで取得する必要があるため、定期的にバックアップを取得するには作り込みが必要となる。またポイントインリカバリー（PITR）機能を利用することにより、最長7日前までのデータから任意の時刻に復元可能だ。

バックアップ機能では有効期限が設定可能で、バックアップファイルのローテーション管理の煩雑さが軽減できる。半面、プロジェクト間のポータビリティーはないため、ユースケースに応じてエクスポートと使い分ける必要がある。

4-4　Cloud Bigtable

　Cloud Bigtableは業界標準となっているApache HBase APIを通じて
アクセス可能なフルマネージドのNoSQLデータベースサービスだ。
Googleのコアサービス（検索エンジン、Google Maps、Google Earth、
Gmailなど）を支えている大規模分散データベースであり、高性能かつ
スケーラビリティーが高い点が特徴である。ノード数を追加すること
で、数百PB（ペタバイト）までシームレスにスケールし、秒間数千万件
のリクエストを処理できる。

　主に、広告やIoTデータ、金融取引のデータ、株価の変動データなど
大規模、低レイテンシー、高スループットが求められる用途で活用され
る。Apache HBaseを使用して構築されたシステムの代替としても活用
できる。

　注意すべきは、RDBでは当たり前の機能であるSQLクエリー（データ
の検索など）やテーブルの結合、複数行トランザクションはサポートさ
れていない点だ。そのため、アプリケーションの特性を加味し、活用
シーンを検討する必要がある。

4-4-1　Bigtableの成り立ち

　BigtableはGoogle社内で長年利用されている基盤システムであり、
2006年に論文（ホワイトペーパー）が公開されたことでその存在が公に
なった。この論文に登場する要素技術である「Google File System（現
在はGoogle File Systemの後継であるColossusがファイルシステムであ
る）」「Google MapReduce」をベースにオープンソースソフトの「Hadoop
Distributed File System」「Hadoop MapReduce」が開発され、BigData
エコシステムが形成された。米メタのFacebookに採用されたことで注目
されたApache HBaseもBigtableをベースに実装された分散データベース
である。

このBigDataエコシステムに多大な影響を与えたBigtableが、2015年に
Google Cloudのサービスとして提供された。開発者は使い慣れたApache
HBaseのAPIを利用し、Googleのコアサービスを支える大規模分散デー
タベースを利用できるようになった。

4-4-2　ストレージタイプの選択

Bigtableのインスタンス、クラスタを作成する際、ストレージとして
SSDかHDDを選択する（HDDのほうが廉価だ）。ストレージタイプを切
り替える際は、既存インスタンスからのデータエクスポート、新規イン
スタンスへのデータインポートが必要となる。判断に迷ったら、
Bigtableの特徴であるパフォーマンス（低レイテンシー・高スループット）
を生かすためにもSSDストレージを選択することを推奨する。

4-4-3　レプリケーションの設定

データを複数のリージョン、または同じリージョン内の複数のゾーン
にコピーすることにより、データの可用性と耐久性を向上し、処理ワー
クロードの分散が可能である。レプリケーションによって読み取りス
ループットの向上は期待できるが、書き込みスループットは低下する可
能性がある点は注意が必要だ。

4-4-4　Bigtableの基本機能

□アクセス制御
Cloud IAMを利用したプロジェクト、インスタンス、テーブルの各レ
ベルでのアクセス制御がサポートされている。テーブルレベルでのアク
セス制御が可能となり、アプリケーション・外部サービスに対して特定
のテーブルのみアクセスできるようにするといった使い方が可能だ。

□暗号化

　Bigtable上のデータは、データ転送中およびデータベース保存時も全て自動的に暗号化される。暗号鍵はGoogleで管理する暗号鍵を利用する方法と顧客管理の暗号鍵を利用する方法が選択できる。機密情報などを取り扱うケースにおいて自社で鍵管理が必要となった場合には、顧客管理の暗号鍵を利用するとよい。

□バックアップ

　テーブルにデータを書き込むと3台以上のサーバーに自動でレプリケートされ、またレプリケーションを利用することにより別リージョン、別ゾーンにデータが複製されるため、そもそもデータの耐久性は高い。また、ユーザーによる誤操作やアプリケーションバグなどによるデータ損失をリカバリーするための論理バックアップ機能が提供されており、最長30日間保存できる。

4

4-5 Firestore

　Firestoreはウェブアプリケーション、モバイルアプリケーションのバックエンドを想定して開発されたスケーラビリティーの高いNoSQLデータベースだ。NoSQLではあるが、ACIDトランザクション、SQLライクなクエリー、インデックスなど一般的なウェブアプリケーションで求められる機能を備えている。従来App Engine向けのデータストアであったものがDatastoreとして独立したサービスとなり、その後、モバイルアプリケーション向けプラットフォームFirebaseのデータベースであるFirestoreに統合された経緯を持つ。

　Firestoreの最大の特徴は、サービス規模が拡大し続けても自動的にスケールし、処理速度が変化しないサーバーレスサービスとなることだ。シャーディング（データを複数のサーバーに分散させる機能）とレプリケーション（データを複数のサーバーに複製して同期する機能）を自動的に処理し、アプリケーションの負荷に応じてシームレスかつ自動的にスケールするため、開発者にとっては管理負荷が非常に低い。

　もともとDatastoreはApp Engineのデータストアとして利用されることが多く、両者を組み合わせることによってシステム全体を自動的にスケールさせることができた。ただ、その斬新なアーキテクチャーに起因し、エンタープライズ用途においては限定的な使われ方となっていた。従来型RDBでのシステム開発に慣れ親しんだ人にとっては扱いづらいサービスとなっているが、非常に管理負荷の低いシステムを開発できるため、ユースケースによっては採用を検討したい。

4-5-1　ネイティブモードとDatastoreモード

　Firestoreは「ネイティブモード」と「Datastoreモード」の2つのモードを保持している（**図表4-4**）。Firestoreの全ての新機能にアクセスするには、ネイティブモードで使用する必要がある。なお、同じプロジェク

図表4-4　ネイティブモードとDatastoreモード

	ネイティブモード	Datastoreモード
スケーラビリティー	数百万のクライアント同時実行まで自動的にスケール	毎秒数百万回の書き込みまで自動的にスケール
1秒当たりの最大書き込み数	1万	上限なし
リアルタイムアップデート	○	×
オフラインデータの永続性	○	×

トでネイティブモードとDatastoreモードの両方を使用することはできないため選定には注意が必要だ。

　新規モバイルアプリでFirestoreのリアルタイム機能を利用したい場合、またはFirebase側の機能も一緒に利用したい場合はネイティブモードを選択するとよい。サーバー側でのみ使用する場合、または大規模で書き込みが発生するようなワークロードの場合はDataStoreモードを選択するとよい。

4-5-2　Firestoreの基本機能

□アクセス制御

　使用しているクライアントライブラリに応じた2つの異なる方法でアクセス制御が可能だ。まず「モバイルクライアント／ウェブクライアントライブラリ」では、Firebase AuthenticationとFirestoreセキュリティールールを使用して、サーバーレスな認証、認可、データ検証を処理できる。もう1つの「サーバークライアントライブラリ」は、IAMを利用したプロジェクトレベルのアクセス制御をサポートしている。ただし、FirestoreはIAM権限をキャッシュに保存しているため、役割の変更が反映されるまでに最大で5分ほどかかる。

□暗号化

Firestore上の全てのデータはディスクに書き込む前に自動的に暗号化される。暗号鍵はGoogle側で管理しており、顧客管理、顧客指定の暗号鍵を指定することはできない。

□バックアップ

Firestoreに保存されたエンティティーに対しCloud Storageにエクスポートする機能が備わる。ただし、エクスポートはエクスポート開始時に取得された正確なデータベーススナップショットではない点に注意が必要だ。エクスポートでは、オペレーションの実行中に追加された変更が含まれる場合がある。

4-6　Memorystore

　Memorystoreは人気の高いオープンソースソフトのインメモリーデータストアであるRedisとMemcachedをサポートするフルマネージドなインメモリーデータベースサービスだ。Memorystoreではデータをディスク（HDDやSDD）に保存せず、メモリー上に保存するアーキテクチャーとなっているため、高い応答性能（ミリ秒未満のレイテンシー）が期待できる。ただしメモリー上に保存される揮発性のデータとなるため、サーバー障害などでデータが失われる可能性がある。

　その特性上、Memorystoreはアプリケーションでのキャッシュ用途など、高速・リアルタイムなデータ処理が要求され、データの永続化が必須ではないユースケースで活用される。

　以下にMemorystoreの基本機能を示す。

□アクセス制御

　Cloud IAMを利用したプロジェクトレベルでのアクセス制御がサポートされている。

□暗号化

　Memorystore for RedisはTLSプロトコルをサポートしており、転送中データの暗号化が可能だ。なおMemorystoreはディスクに書き込まないため、保持するデータ自体の暗号化は施されない。Compute EngineではConfidential Computingサービス（メモリーを暗号化するオプション）が選択可能となっているため、Memorystoreでも今後の機能拡張に期待したい。

□バックアップ

　Memorystore for Redisではエクスポートが備わっており、Cloud Storageのバケットにバックアップデータを出力である。Memorystore for Memcachedはバックアップ機能をサポートしていないため、バックアップを取得したい場合には専用のクライアントツールが必要だ。ただし、Memorystoreの特性上（揮発性データ）、バックアップが必要となるようなデータは格納しないことを推奨する。

第 5 章

ネットワーキング

5-1　ネットワーキングサービスの種類

　Google Cloudのネットワーキングサービスの最大の特徴は、Gmailや YouTubeといったGoogle自身のサービスを支えるグローバルネットワークと同じインフラを利用できることである。このことは、システムをグローバル展開する際はもとより、日本国内でも遠隔地で冗長化されたネットワークを容易に構築できることを意味しており、事業の継続性と

図表5-1　Google Cloudのネットワーキングサービス

サービス	概要
Virtual Private Cloud（VPC）	Google Cloudリソースのために論理的に分離された仮想ネットワークサービス。ネットワーキングサービスの中核であり、様々なオプション機能を備えている
Cloud Load Balancing	HTTP（S）リクエストに対するレイヤー7の負荷分散、もしくは、TCP／SSLプロトコルや UDPプロトコルを使用するレイヤー4 の負荷分散サービス
Cloud CDN	世界各地に分散しているエッジポイントを使用する、配信コンテンツのキャッシュサービス
Cloud Armor	HTTP（S）ロードバランサーと連携してDDoS攻撃やクロスサイトスクリプティングなどの各種の脅威からシステムを保護するサービス
Cloud IDS	マルウエア・スパイウエアといったネットワークベースの脅威を検出するサービス
Cloud NAT	ネットワークアドレス変換サービス。外部IPアドレスを持たないリソースからインターネットへの送信接続が可能になる
Cloud DNS	Google が持つネットワークで提供される低レイテンシーで品質の高いドメインネームシステムサービス
Cloud Interconnect／Cloud VPN	オンプレミス環境からセキュアにネットワーク接続するサービス
Network Connectivity Center	Google Cloudネットワークとオンプレミスやその他外部環境との接続をハブ＆スポーク型のアーキテクチャで一元管理するサービス
Network Intelligence Center	ネットワークを可視化し、トラブル時の対応を迅速化するサービス

スケーラビリティーを重視する企業に大きな恩恵をもたらす。

　Googleのネットワークインフラは、Googleが独自開発した機器やソフトウエアによって構築されている。2015年に論文公開された第5世代データセンター内ネットワーク「Jupiter」は、2分割帯域幅で1ペタビットを超える通信速度を実現している。また2018年に公開されたSDN（Software-Defined Networking）基盤である「Andromeda」によって、仮想化されたネットワークの高速な通信を可能にしている。

　Google Cloudでは、Googleが自身の事業のために改良を重ねているこ

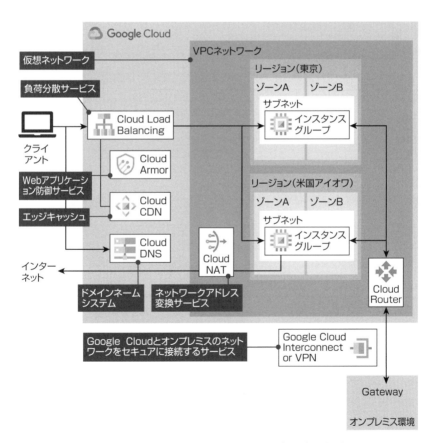

図表5-2　Google Cloudのネットワーキングサービス（構成例）

れらのネットワークインフラを、サービスとして利用できる。第5章では、Google Cloudのネットワーキングサービスのうち代表的なサービスとして、Virtual Private Cloud（VPC）、Cloud Load Balancing、Cloud CDN、Cloud Armor、Cloud IDS、Cloud NAT、Cloud DNS、Cloud Interconnect／Cloud VPN、Network Connectivity Center、Network Intelligence Centerを解説する（**図表5-1**）。主なサービスについてはネットワーク構成例で示す（**図表5-2**）。

5-2 Virtual Private Cloud (VPC)

VPCはSDN基盤によって実装された仮想ネットワークサービスだ。
ユーザーはGoogle Cloudプロジェクト内に仮想的なプライベートネット
ワークである「VPCネットワーク」を構築し、その内部でコンピュー
ティングリソースを安全に運用できる。

Google CloudのVPCの最大の特徴は、それが「グローバルリソース」
である点だ。他の主要なクラウドではVPCは「リージョンリソース」で
あり、マルチリージョン構成を実装するにはリージョンごとにVPCを作
成して接続する必要があるが、Google Cloudでは単一のVPCでマルチ

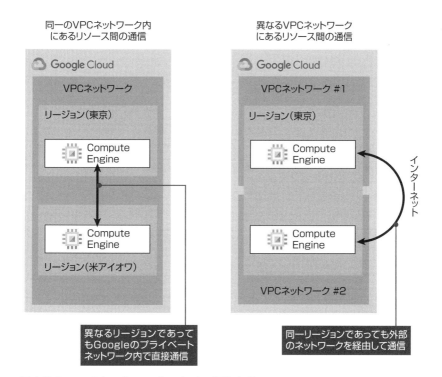

図表5-3 VPCネットワークにおける通信経路

リージョン構成を実装できる。このため、同じVPCネットワーク内のリソースであれば、たとえ異なるリージョンに配置されたインスタンスでも、VPCネットワーク内で通信できる。逆に同じリージョン内であっても、配置されたVPCネットワークが異なる場合は、原則としてインターネットを経由して通信する（**図表5-3**）。なおVPC間を内部ネットワークで通信するオプション機能も用意されており、5-2-5で後述する。

　他のクラウドではVPC作成時にそのIPアドレス範囲を指定するため、サイジングや残アドレスの管理といった運用が必要となるが、Google CloudのVPCはIPアドレス情報を持たず、後述するサブネットで柔軟に拡張できる。

　このように、Google CloudのVPCは初めから「グローバルにスケールするプライベートネットワーク」という概念で設計されている。「地域ごとに構築されたプライベートネットワーク」ともいえる他のクラウドのVPCとは大きく異なっており、その高いスケーラビリティーや柔軟性をぜひとも有効活用したい。

5-2-1　VPCネットワークとサブネット

　VPCネットワークには複数のサブネットを指定できる。1つのサブネットは、1つのリージョンに所属する。Google Cloudではプロジェクトを開設すると、全てのリージョンに1つずつサブネットが用意されたデフォルトVPCネットワークが作成されるほか、ユーザー自身でVPCネットワークを作成することもできる。各サブネットにはIPアドレス範囲を定義できる。プライベートIPアドレス（RFC1918）や共有アドレス空間（RFC6598）など広い範囲を指定することが可能だ（詳細はGoogle Cloudの公式ドキュメントを参照 https://cloud.google.com/vpc/docs/vpc）。

　サブネット内ではコンピューティングサービスのリソース（インスタンスやコンテナなど）を扱うことができる。Compute Engineインスタンスは、配置するサブネットを指定することで、そのサブネット内から

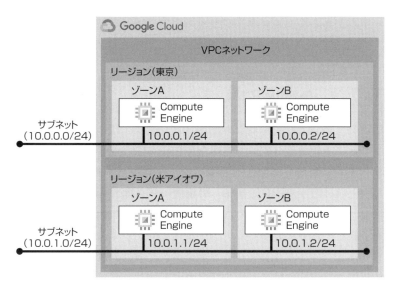

図表5-4　VPCネットワークとサブネット

プライマリの内部IPアドレスを取得して起動する（**図表5-4**）。

　Google Cloudでは、利用するリージョンとIPアドレスの範囲（CIDR）を指定するだけでリージョン内の複数のゾーンにまたがったサブネットを作成できる。他のクラウドには、複数のゾーンにまたがったサブネットの作成をサポートしていないものもあり、異なるゾーンへインスタンス移行を行う場合にはIPアドレスの変更が必要となる。Google Cloudでは異なるゾーンにまたがる同一サブネットをサポートしているため、インスタンスを別のゾーンに移行する際でもネットワークの設定変更は不要である。

　この特徴を生かすことで、例えば複数ゾーンにまたがる1つのサブネットを用意し、同一IPセグメント内で単一ゾーン障害に備えた可用性の高いマルチゾーン構成を実現することもできる。

　なお、VPCにはサブネットを自動で作成する「自動モード」とユーザー自身でサブネットのIPアドレス範囲を決めて作成する「カスタム

モード」があるが、エンタープライズ用途では基本的にユーザー自身で
設計・構築するカスタムモードを使用することを推奨する。

5-2-2　外部IPアドレス

　Google Cloudで利用可能な外部IPアドレスは、Google Cloudプロジェ
クトごとに予約する（4-2-1で述べたように、Google Cloudではインター
ネット環境で利用可能なIPアドレスを「グローバルIP」と呼ばず、「外
部IPアドレス」と呼ぶ）。通常、外部サービス向けのシステムを構築す
る場合、インターネット上のDNSに登録するための固定の外部IPアドレ
スを予約しておく必要がある。Google Cloudは、エフェメラル（一時的
な）外部IPアドレスを、そのまま固定された静的外部IPアドレスに変更
する機能を提供している。構築期間中にエフェメラル外部IPを利用して
いた場合でも本番リリース時に異なる外部IPを取り直す必要がないため
非常に便利だが、誤ってエフェメラルのまま使用し続けることがないよ
うに、本番リリース前には必ず固定IPとして利用するための「プロモー
ト（昇格）」を行うように注意したい。
　Google Cloudの外部IPアドレスには、「リージョンIPアドレス」と「グ
ローバルIPアドレス」の2種類がある。リージョンIPアドレスは
Compute Engineインスタンスやリージョン内のネットワーク負荷分散
などで利用できる。一方、グローバルIPアドレスは、HTTP（S）負荷
分散や、SSL Proxy／TCP Proxyなどの複数リージョンにまたがる負荷
分散処理を行うロードバランサーで利用できる。Google Cloudでは、1つ
のグローバルIPアドレスを利用するだけで、世界中のサーバーへ負荷分
散することが可能である。

5-2-3　ネットワーク通信制御

　Google Cloudでは、Compute Engineインスタンスなどのリソースと
のネットワーク通信制御を行う機能として、ステートフルなファイアウ

図表5-5　デフォルトVPCネットワークのファイアウオールルール

名前	ターゲット	ソースフィルター	プロトコル／ポート	補足
default-allow-icmp	全てに適用	IP範囲: 0.0.0.0/0	icmp	外部から内部へのPing通信許可
default-allow-rdp	全てに適用	IP範囲: 0.0.0.0/0	tcp:3389	外部から内部へのRDP通信許可
default-allow-ssh	全てに適用	IP範囲: 0.0.0.0/0	tcp:22	外部から内部へのSSH通信許可
default-allow-internal	全てに適用	IP範囲: 10.128.0.0/9	tcp:0-65535, udp:0-65535, icmp	デフォルトVPCネットワーク内における全ての通信許可

オール機能が提供されている。ファイアウオールルールは、VPCネットワークごとに、「上り」(インターネットなど外部環境からVPCネットワークへのインバウンド通信) と、「下り」(VPCネットワークから外部環境へのアウトバウンド通信) のルールを作成できる。

「上り」の通信については、デフォルトVPCネットワークで、あらかじめルールが指定されている (**図表5-5**)。ユーザーが定義したVPCネットワークには、ファイアウオールルールは用意されておらず、デフォルトでは全て通信が遮断されているため、ユーザー自身で適切なルールを定義する必要がある。

一方の「下り」の通信は、デフォルトでは全て通信「可」の状態となっている。そのため、VPCネットワークから外部への通信先を制限する必要がある場合は、個別にファイアウオールルールを定義する必要がある。

ファイアウオールルールの設定において、通信プロトコル／ポートや送信元のIP範囲などのトラフィックルールを定義すると同時に、通信先のターゲットや通信元のソースを「タグ」で指定できる点がGoogle Cloudの特徴である。タグはインスタンスに付与するラベルだ。指定のタグが付与されたインスタンスのみに、ファイアウオールルールで定義されたトラフィックが許可される。例えば、ウェブサーバーやDBサー

＜ファイアウォールルール定義＞

送信元	送信先	プロトコル/ポート
Cloud Load Balancing IP範囲：ロードバランサーの IPアドレスを指定	Webサーバー ターゲットタグ　Web	tcp:80 icmp
Webサーバー ソースタグ　Web	Webサーバー ターゲットタグ　DB	tcp:3306

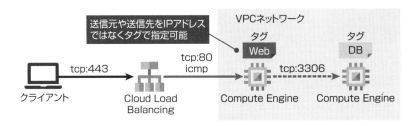

図表5-6　タグによるネットワーク通信制御（上り）

バーなどの役割や用途に応じたタグをあらかじめ用意しておくことで、インスタンスのIPアドレスとは関係なく、意味のあるまとまりでルールを設定できる（**図表5-6**）。

　タグの代わりに、Compute Engineインスタンスの「サービスアカウント」（詳細は第9章を参照）を指定することもできる。Cloud IAMで管理されたサービスアカウントにアクセスできない開発者はファイアウォールルールを設定できなくなり、より堅固にルールを管理できる。

5-2-4　VPCネットワークの注意点

VPCネットワークの注意点を3つ挙げる。

□デフォルトVPCネットワーク

Google Cloudプロジェクト開設時に用意されるデフォルトVPCネットワークには、外部からICMP（Ping）、RDP、SSH通信を行うためのファイウォールルールが設けられている。このネットワーク内にCompute Engineインスタンスを作成し、外部IPを付与すれば、インターネット環境であればどこからでもインスタンスへの接続が可能だ。

デフォルト設定で容易に動作確認ができるというメリットがあるが、特に本番環境などでデフォルトVPCネットワークをそのまま使うことは危険を伴う。エンタープライズでの利用であればデフォルトVPCネットワークは使用しないか、あらかじめ削除してしまい、ユーザー自身でカスタムネットワークを作成して管理することを推奨する。

□暗黙のファイアウオールルール

VPCを作成すると、次の2つのファイアウオールルールが暗黙に作成される。

（a）暗黙の上り（インバウンド）拒否：0.0.0.0/0からの全てのトラフィックを拒否する
（b）暗黙の下り（アウトバウンド）許可：0.0.0.0/0への全てのトラフィックを許可する

このうち（b）暗黙の下りのルールにより、VPC内の全てのリソースは外部へアウトバウンド通信が可能となる。これら暗黙のルールは削除できないが、優先度が最低（65535）であり、ユーザーが作成するルールで上書きできる。アウトバウンド通信を制御する要件がある場合は、全てのアウトバウンド通信を拒否するルールを作ったうえで必要なアウトバウンド通信のみを許可するルールを作ることを推奨する。

□禁止された送信ポート

ファイアウオールルールで明示的に許可した場合でも、メール送信に

用いられるTCP25番ポート（SMTPポート）での送信を行うことができない。このポートはスパムメール送信など不正に利用される可能性が高いため、他の主なクラウドと同様にGoogle Cloudでもデフォルトでブロックされている。そのため、SMTPポートを使用したメール送信を行う際には、SendGrid、Mailgun、Mailjetなどのサードパーティープロバイダーを利用するか、Google Workspaceの機能を用いることが推奨されている。

5-2-5　VPCネットワークピアリング

前述の通り、異なるVPCネットワーク間の通信は通常インターネット経由となるが、VPCネットワークピアリング機能を使うと内部ネットワークでの直接接続が可能になる。接続するVPCネットワークのIPアドレスが重複しなければ、双方でピアリング接続を設定するだけで利用できる。また、異なるGoogle Cloudプロジェクトに属するVPCもピアリング可能であるため、異なるシステム間のプライベートな連携などに活用

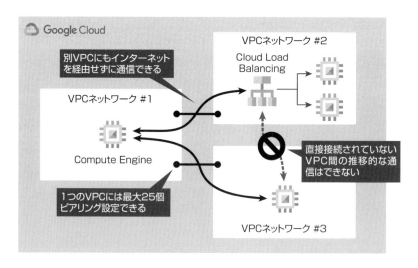

図表5-7　VPCネットワークピアリング

できる。

VPCネットワークピアリングで直接接続されたVPCネットワーク間で
は、後述する内部負荷分散機能を利用することもできる。VPCネット
ワークピアリングは最大25個まで直接ピアリングされたネットワークを
設定できるが、直接接続されていないVPCネットワークをまたぐ通信は
できないので注意が必要だ（**図表5-7**）。

5-2-6 Shared VPC

VPCネットワークピアリングは異なるVPC同士を接続する機能である
のに対して、SharedVPCは異なるGoogle Cloudプロジェクトで単一の
VPCを共用する機能である。ユースケースとしては、異なるプロジェク
トで実装したシステム間の連携や、オンプレミス環境との接続ネット
ワーク（5-8で後述）を複数プロジェクトで共用するといったものが挙げ
られる。

SharedVPCを利用するGoogle Cloudプロジェクトは、VPCを管理する

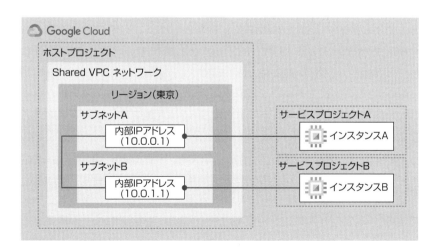

図表5-8 Shared VPC

1つの「ホストプロジェクト」と、そのVPCに接続してサービスを実装する複数の「サービスプロジェクト」に分かれる。ホストプロジェクト内に複数のサブネットを作成し、各サービスプロジェクトに割り当てることで、内部IPアドレスを使ってプロジェクト間のVPC内通信が可能となる（**図表5-8**）。サブネットやファイアウオールなどのネットワークリソースはホストプロジェクトで一元管理しつつ、各サブネット内のインスタンス作成やIPアドレスの割り当てなどの管理をサービスプロジェクト側に委任できる。

　多数のVPCを作ることなくシンプルな構成でネットワーク統制を実現できる、非常に有用な機能であり、エンタープライズのネットワーク設計においてはぜひ積極的に活用したい。なお、この機能は同じ「組織（Organization）」に所属するGoogle Cloudプロジェクト間で利用可能だ。組織については第9章を参照してほしい。

5-2-7　Private Google Access（限定公開のGoogleアクセス）

　エンタープライズシステムでは、VPCに閉じた領域で構築する要件があることが多い。しかし外部IPアドレスを持たないVPC内のコンピューティングリソースは、通常インターネット経由でのアクセスが必要なサービス機能を利用できない。

　Google Cloudはこの問題を解決するため、外部IPアドレスを持たないリソースからでも内部ネットワークでGoogle APIやサービスにアクセスできる「Private Google Access（限定公開のGoogleアクセス）」を提供している。この機能を利用することで、Cloud Storage／Cloud Spannerといったストレージ／データベースサービスや、後述するBigQueryなどのビッグデータサービスのAPIエンドポイントにVPC内部からアクセスできる。また、オンプレミス環境のサーバーからプライベート接続する「オンプレミスホスト用のPrivate Google Access」も利用できる（**図表5-9**）。

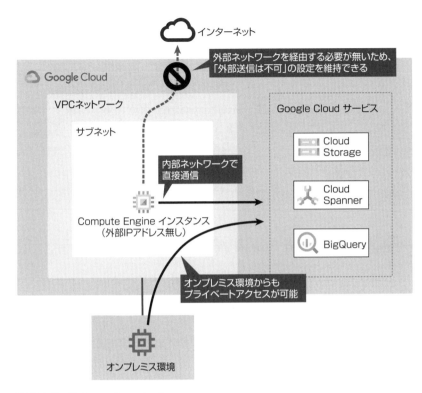

図表5-9 Private Google Access

Private Google Accessはセキュリティー要件が厳しいエンタープライズシステムでも安全にVPC外のクラウドサービス群を使える重要なサービスだ。この機能はVPCのサブネット単位で有効／無効を設定でき、サブネット作成時に本設定を有効にすることで利用できる。なお類似の機能を実現する新しいサービスとして「Private Service Connect」が提供されている。5-2-10で後述する。

▌ 5-2-8 プライベートサービスアクセス

プライベートサービスアクセスはGoogleまたはサードパーティーが所

有するVPCネットワークとプライベート接続することで、VPC内から安全にサービスを利用できる機能だ。サービスを提供するサービスプロデューサー（Googleやサードパーティーを指す）のVPCとの接続には、VPCネットワークピアリングの機能が使われる。対象のGoogle Cloudサービスとしては Cloud SQL、Memorystoreなどがある（対象サービスの詳細はGoogle Cloudの公式ドキュメントを参照してほしい。https://cloud.google.com/vpc/docs/private-services-access）。なお、Private Google Accessと同じくプライベートサービスアクセスについても、Private Service Connectが類似の機能を実現する。

5-2-9　サーバーレスVPCアクセス

　Cloud Run、App Engine、Cloud Functionsといったサーバーレスコンピューティングの機能は、VPCネットワークの外部に位置している。これらのサーバーレス環境から直接VPCネットワーク内部のリソースへアクセスする機能が「サーバーレスVPCアクセス」である。

　この機能を利用すると、通信元のサーバーレス環境と同じプロジェクトの同じリージョン内にServerless VPC Access connectorが作成され、その内部IPアドレスを経由してサーバーレス環境からVPC内リソースへの通信が可能となる。同一のVPCネットワーク内であれば、connectorが存在するのとは別のリージョンへの通信も可能だ。なお、この機能でリクエストを送信できるのはサーバーレス環境側からのみとなる。

5-2-10　Private Service Connect

　ここまでVPC外部とのプライベートなアクセスを実現するサービスを紹介してきた。Google Cloudサービス、サードパーティー製サービス、ユーザー自身の開発したサービスといったあらゆるサービスを、より迅速にサービス連携できるようにするため2021年に新しく一般提供開始された機能が「Private Service Connect」だ。

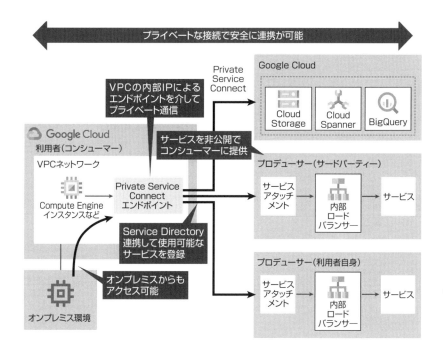

図表5-10 Private Service Connect

　この機能によって、サービスを利用する側（サービスコンシューマー）はVPCの内部IPアドレスを使って「Private Service Connectエンドポイント」を作成し、このエンドポイントを介してGoogleサービスやその他の外部サービスにプライベートネットワークで安全に接続できる（**図表5-10**）。一方、サービスを提供する側（サービスプロデューサー）は、自身のVPCネットワークに「サービスアタッチメント」を作成することで、自社のサービスをコンシューマーへ非公開で安全に提供できる。

　Private Service Connectに対応しているサードパーティーのプロダクトベンダーにはElastic、MongoDB、Snowflakeなどがあり（本書執筆時点）、今後増加していくことが期待される。また、Private Service Connectは「Service Directory」という機能と連携することができ、プ

ロデューサーサービスを登録することでより簡単にサービスを管理、探索、接続できるようになる。今後、エンタープライズシステムのプライベートアクセスの要件を満たす主要サービスとなっていくと予想される。積極的に活用を検討したいサービスである。

5-3 Cloud Load Balancing

　Google Cloudは強力な負荷分散機能「Cloud Load Balancing」を提供している。大規模なリクエスト数やスループットなどに備えてリソースを確保する「プレウォーミング（暖気）」の申請は不要で、常時、秒間当たり100万リクエストものHTTP通信を処理する性能を備えている。

　Cloud Load Balancingのロードバランサー(以下、LB)は、インターネットからのトラフィックを扱う「外部LB」とVPC内のトラフィックを扱う「内部LB」に大別される。さらに、負荷分散するスコープ、プロトコル、方式が異なる複数のLBを選択できる（**図表5-11**）。

　なお、Google Cloudのネットワークサービスの提供レベルを選択でき

図表5-11　ロードバランサーの種類

トラフィック	スコープ	プロトコル	方式	ネットワークティア	名称
外部	グローバル	HTTP、HTTPS	プロキシー	Premium/Standard	グローバル外部HTTP (S)LB (classic)
		HTTP、HTTPS	プロキシー	Premiumのみ	グローバル外部HTTP (S)LB（プレビュー）
		SSL	プロキシー	Premium/Standard	SSL Proxy LB
		TCP	プロキシー	Premium/Standard	TCP Proxy LB
	リージョン	TCP、UDP	パススルー	Premium/Standard	外部TCP/UDP ネットワーク LB
		HTTP、HTTPS	プロキシー	Standardのみ	リージョナル外部HTTP (S)LB（プレビュー）
内部		HTTP、HTTPS	プロキシー	Premiumのみ	内部HTTP (S) LB
		TCP、UDP	パススルー	Premiumのみ	内部TCP/UDP LB

出所:Google Cloudの公式ドキュメントを基に著者作成、https://cloud.google.com/load-balancing/docs/choosing-load-balancer

る「Network Service Tiers」ではPremiumとStandardの2つのティアが用意されているが、Cloud Load BalacingのLBはこのネットワークティアによって使用できるものが決まっている。

ここではHTTPS（S）負荷分散とTCP／UDP負荷分散の機能に分けて紹介する。また、本書執筆時点ではプレビュー版となっている次世代のLBも取り上げる。

5-3-1　HTTP（S）負荷分散

外部HTTP（S）LBは、クライアントからのHTTP（S）リクエストを世界中のバックエンドサービスへ負荷分散する機能を提供する。外部IPアドレスの説明でも述べた通り、Google Cloudでは1つの「グローバルIPアドレス」でGoogle Cloudの複数リージョンへの振り分けが可能だ。外部のクライアントからのHTTP（S）リクエストはそのクライアントから最も近いGoogleのPoP（Point of Presence）で終端され、クライアントのアクセス元に最も近いリージョンに配置されたバックエンドサービスに転送される。バックエンドには、Compute Engineの他にも、Kubernetes Engine、App Engine、Cloud Functions、Cloud Run、Cloud Storageなど多様なサービスを指定できる。

外部HTTP（S）LBと、後述するCloud CDNを併せて使用することで、世界各地に分散しているGoogleのPoPを使用してクライアントの近くにHTTP（S）コンテンツをキャッシュに保存し、配信時間の短縮と処理コストの削減を実現できる。また、外部HTTP（S）LBによって複数リージョンにまたがる冗長構成を用意しておくことで、あるリージョンで障害が発生した場合でも別のリージョンでサービスが継続されるため、リージョン障害を想定したBCP対策など、高い可用性が求められるシステムではぜひ利用したい機能である。

HTTP（S）LBは、コンテンツベースの振り分けにも対応しており、受信HTTP（S）URLに基づき、別のインスタンスにトラフィックを分散することもできる。Google Cloudの公式サイトに掲載されている構成例を

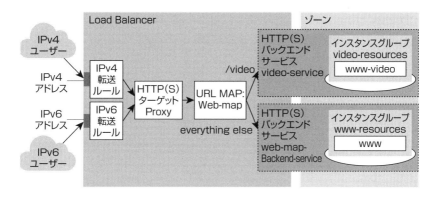

図表5-12 コンテンツベースのHTTP（S）負荷分散
(出所:Google Cloudの公式ドキュメントを基に著者作成、https://cloud.google.com/load-balancing/docs/https/setting-up-https)

紹介する。**図表5-12**のように、一部のインスタンスを動画コンテンツ（video-resources）として処理するようにセットアップし、別のインスタンスでその他の処理を行うように設定できる。

　クライアントからのHTTP（S）リクエスト状況を確認したい場合は、Operationsのログエクスプローラから確認可能だ。HTTP（S）トラフィックのモニタリングやデバッグに役立つログを取得でき、調査や分析用途で活用できる。HTTP（S)LBのロギングはバックエンドサービスごとに有効・無効を設定できるが、バックエンドバケットを使用するHTTP（S）負荷分散の場合には必ず有効となる。

5-3-2 TCP／UDPネットワーク負荷分散およびTCP／SSL Proxy

　ネットワーク負荷分散とは、HTTP（S）負荷分散のようなウェブアクセス用途で使用するものではなく、TCP／SSLやUDPプロトコルを使用するレイヤー4の負荷分散機能である。TCPまたはSSLの処理をロードバランサーにオフロードするTCP／SSL Proxy LBは、HTTP（S）負荷

分散と同様にインターネットからの通信を複数のリージョンにまたがっ
て負荷分散する機能を備えている。LB側でプロキシーは行わずにバック
エンドへパススルーする場合は、外部TCP／UDPネットワークLBまた
は内部TCP／UDP LBを用いる必要がある。TCP／UDP負荷分散は複数
リージョンにまたがる負荷分散をサポートしておらず、単一リージョン
内の複数のゾーンにまたがる負荷分散やVPC内部のインスタンスに対す
る内部負荷分散として用いる。

5-3-3　Envoyベースの次世代ロードバランサー

Google Cloudの内部HTTP（S）LBは、 Cloud Natvie Computing
Foundationのプロジェクトとして開発されている高機能プロキシーの
オープンソースソフト「Envoy」をベースに作成されている。従来の外
部HTTP（S）LBはこれとは異なるソフトウエアによって実装されていた
が、Google CloudはEnvoyベースで開発し直した次世代の外部HTTP（S）

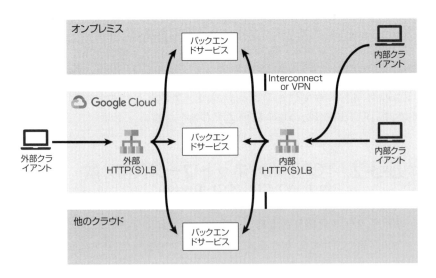

図表5-13　Envoyベースの次世代LBによるハイブリッド負荷分散

LBも提供している（本書執筆時点ではプレビュー版で従来版はclassicと呼ばれる）。

　同じEnvoyベースで内部HTTP（S）LBと外部HTTP（S）LBが実現したことで、内部負荷分散と外部負荷分散に一貫性が備わり、統一された機能やポリシー管理が提供されている。この機能を利用することで、Google Cloudだけではなくオンプレミス環境や他のクラウドに配置されたバックエンドサービスに対して、内部のクライアントからは内部HTTP（S）LB経由で、外部のクライアントからは外部HTTP（S）LB経由で負荷分散をするという「ハイブリッド負荷分散」が可能になる（**図表5-13**）。

　日本でもハイブリッドクラウド、あるいはマルチクラウドの構成を取るケースが増加してきているが、そうした異なる環境に配置されたバックエンドサービスを統一的に負荷分散させる本機能の重要性は増していくと考えられる。今後の正式ローンチや機能拡張に注目したい。

5

5-4　Cloud CDN

　Cloud CDNは世界各地に分散しているGoogleのエッジポイントを使用し、クライアントからのHTTP（S）アクセスをクライアントの近くにキャッシュ保存することで、配信時間を短縮し、処理コストを削減する機能である。Cloud CDNの利用は簡単で、キャッシュされるコンテンツの送信元として、HTTP（S)LBを選択するだけでよい。コンテンツ更新時など、Cloud CDNのキャッシュを無効化したい場合も数分でキャッシュを削除できる。

　なお、Cloud CDNでは全てのHTTPレスポンスがキャッシュに保存されるわけではなく、特定の要件を満たしている場合に限られる（詳細はGoogle Cloudの公式ドキュメントを参照、https://cloud.google.com/cdn/docs/caching?hl=ja）。

5-5 Cloud Armor

　Cloud Armorは外部に向けて公開しているアプリケーションサービスを、DDoS攻撃などの脅威から保護するネットワークセキュリティーサービスである。このサービスには、GmailやYouTubeといったGoogle自身のサービスを長年にわたって保護してきた経験が生かされており、多数の事前設定済みルールを活用できる。

　Cloud ArmorはCloud Load Balancingと連携してバックエンドサービスを簡単に保護でき、以下のような機能を備えている。

・DDoS攻撃への防御
・OWASP 10大リスクを軽減できる事前設定済みルール（クロスサイトスクリプティング、SQLインジェクションなど）
・IPアドレスやトラフィック位置情報に基づくアクセス制御

　Cloud Armorには2つのサービスティアが用意されている。Standardティアは従量課金制、Managed Protection Plusティアは月単位のサブスクリプション制で利用できる。

　このうちStandardティアではDDoS対策機能、WAF機能、事前設定済みWAFルールなど、主要な機能をひと通り利用できる。Managed Protection Plusティアではそれらに加えて、許可されたサードパーティープロバイダーからのトラフィックだけを許可できる「名前付きIPアドレスリスト」や、異常なアクティビティーを機械学習させることでHTTP floodなどのレイヤー7の分散型DDoS攻撃から保護する「適応型保護（Adaptive Protection）」（本書執筆時点ではプレビュー版）を利用できる。

5-6　Cloud IDS

　Cloud IDSは侵入検知システム（Intrusion Detection System：IDS）の
マネージドサービスだ。VPC内・VPC間のトラフィックを検査し、マル
ウエアやスパイウエアといったネットワークベースの脅威を検出、通知
できる。

　ユーザーがCloud IDSエンドポイントを作成すると、Google Cloudが
管理するプロジェクトにIDSインスタンスが作成される。Cloud IDSはパ
ケットミラーリングでネットワークトラフィックをコピーし、プライ
ベートサービスアクセスを介してGoogle Cloud管理プロジェクト上の
IDSインスタンスに送信する。IDSインスタンスで脅威が検出されると、
Cloud IDSはCloud Logging（第11章で後述）とCloud IDSのインター
フェースに通知を送信する。

5-7　Cloud NAT

　システムのセキュリティーを保つために外部からの通信の必要が無い
サーバーなどに外部IPアドレスを付与しないものの、ソフトウエアのダ
ウンロードやパッチ適用などのためにインターネットへの外向きの通信
だけは必要とすることがある。このために、内部IPアドレスを外部IPア
ドレスに変換する「NAT（Network Address Translation）」の機能を提
供するのがCloud NATである（**図表5-14**）。

　Cloud NATは、NAT機能を持つ単一の仮想マシンを提供するサービ
スではなく、ソフトウエアディファインドの分散型マネージドサービス
である。このためユーザーはインフラを意識することなく高い可用性
（99.9％）でNATサービスを利用できる。また、使用するNAT IPアドレ
スの数を自動的にスケーリングするように設定できるため、負荷に応じ

5

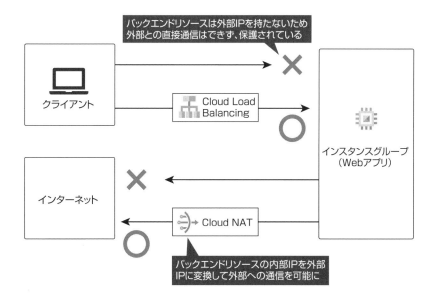

図表5-14　Cloud NAT

て自動スケールするCompute Engineインスタンスグループなどもサポートできる。

　NAT IPアドレスの割り当て方法には、自動と手動の2通りがある。自動割り当ての場合、Cloud NATを使用するVMとそのポートの数に基づいて、外部IPアドレスが自動的に割り当てられる。また、そのIPアドレスの送信元ポートが不要になると自動的に削除される。NAT IPアドレスを固定したい場合は、割り当てオプションを手動に設定し、ユーザー自身で予約済みの外部IPアドレスを割り当てる。

5-8　Cloud DNS

　Cloud DNSは名前解決するためのドメインネームシステムサービス
だ。Googleのネットワークで提供される権威DNSサーバーのマネージド
サービスであり、100％の可用性と低いレイテンシーで利用できる。
Cloud DNSを使用すると、独自にDNSサーバーやソフトウエアを管理す
る必要はなく、ゾーンとレコードをDNSで公開できる。サポートされる
レコードタイプの詳細はGoogle Cloudの公式ドキュメントを参照してほ
しい（https://cloud.google.com/dns/docs/overview）。

　Cloud DNSによる名前解決は、後述するVPC Service Controls機能で
アクセス制御するAPIやサービスのIPアドレス範囲を指定する際にドメ
イン名を使用するなど、Google Cloudの他サービスの動作にも利用され
る重要な機能となっている。

5

5-9 Cloud Interconnect／Cloud VPN

　ここでは、オンプレミス環境から内部IPアドレスでGoogle Cloud内の
ネットワークに直接アクセスするサービスを2つ紹介する。1つは「Cloud
Interconnect」である。Cloud Interconnectはさらに以下の2種類に分か
れる。

□Dedicated Interconnect

　Dedicated Interconnectはオンプレミス環境と専用線で物理接続を行
うサービスだ。接続帯域は1本当たり10Gまたは100Gビット／秒となって
いるため、オンプレミスとGoogle Cloudのハイブリッド環境を構築する
場合や、高帯域のトラフィックを必要とする場合に有効な接続手段であ
る。2つ以上の異なるリージョンに少なくとも2つのCloud Routerを配置
し、4つのInterconnect接続を構築することで、SLA 99.99％で利用でき
る（詳細構成はGoogle Cloudの公式ドキュメントを参照、https://cloud.
google.com/network-connectivity/docs/interconnect/concepts/
dedicated-overview）。

□Partner interconnect

　Partner interconnectはあらかじめGoogleとの専用線を整備済みの
サービスプロバイダーの回線を利用するサービスである。オンプレミス
環境で物理的な専用線を整備する必要がなく、接続帯域も50M〜10G
ビット／秒の範囲で選択できるため、Dedicated Interconnectに比べて
利用しやすい。

　2つめは「Cloud VPN」だ。Google Cloudとオンプレミス環境間で大
量トラフィックやハイブリッド構成を必要としない場合には、IPSec
VPN接続による安価なCloud VPNが推奨される。Cloud VPNによる接続
は、インターネットを経由した接続方法ではあるが、オンプレミス環境

のVPNデバイスとGoogle Cloudで暗号化による安全な通信を確立でき
る。Cloud VPNにはClassic VPNとHA VPNの2種類があるが、Classic
VPNの特定の機能は2022年3月31日に非推奨となり、HA VPNへの移行
が推奨されている。HA VPNを2つのインターフェースと2つの外部IPア
ドレスで構成すると、99.99％のSLAで利用できる。

　なお、マルチクラウドにより複数のクラウドを運用しているような場
合、Google Cloudとその他のクラウドをVPNで接続する構成も考えられ
る。接続先のクラウドの仕様にもよるが、例えばAWSとGoogle Cloudを
VPNで接続するには、双方のクラウド上でVPN設定（仮想ゲートウエイ
の作成など）を行い、ファイアウオール、ルーティング設定を行うだけ
で容易にVPNを確立できる。

5

5-10 Network Connectivity Center

　Google Cloudネットワークと、前述のCloud InterconnectやCloud VPNによるオンプレミス環境との接続、あるいはパートナー企業による SD-WAN接続を、ハブアンドスポーク型のアーキテクチャーで一元管理 するサービスである（**図表5-15**）。従来は、単一の拠点とVPCの個別接 続が徐々に増えていき、接続がメッシュ化してネットワーク全体の管理 が煩雑になることが多かった。Netowork Connectivity Centerを利用す ると、ネットワークの管理を簡潔にし、迅速に拠点の接続ができるよう

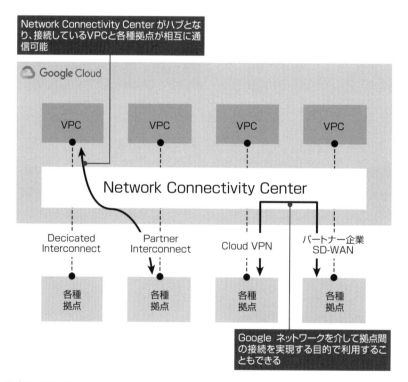

図表5-15 Network Connectivity Center

になる。

　特筆すべき点は、 Network Connectivity CenterをVPCと外部拠点との通信だけでなく、 Google Cloud外部の各種拠点同士の通信にも利用できることだ。すなわち、拠点間の接続を実現するためにGoogleのネットワークを自社のWANのように利用可能だ。多数の拠点とのプライベート接続の管理に悩まされている企業はぜひとも活用すべき機能である。

5

5-11 Network Intelligence Center

　ネットワークを可視化し、状態をモニタリングしたりトラブルシュートをしたりするための管理コンソールを提供するサービスである。本書執筆時点では、以下の4つの機能が用意されている。

□ネットワークトポロジー

　ネットワークトポロジーはGoogle Cloudのネットワーク情報を収集し、グラフ形式で可視化するツールだ。VPCネットワークだけでなく、オンプレミスネットワークとの接続や、Google Cloudのマネージドサービス機能との接続も表示できる。包含関係にあるネットワークリソースを折り畳んだり展開したりして表示することもでき、ネットワーク全体を把握しつつ各リソースの詳細情報を確認できるようなツールとなっている。前述のNetwork Connectivity Centerと連携することもできるため、ハブアンドスポークで接続している全てのネットワークを一元的に把握できる。

□接続テスト

　接続テストはネットワークのエンドポイント間で、接続性を確認できる診断ツールだ。VPCネットワーク、Cloud VPNトンネル、VLANアタッチメントを通過するパケットの想定転送パスや、VPCネットワーク内のリソースへの想定受信転送パスをシミュレートする。接続テストを行うことで、ネットワーク構成の変更や設定ミスなどによる問題をあらかじめ特定し、対処できる。

□パフォーマンスダッシュボード

　パフォーマンスダッシュボードはGoogle Cloudネットワーク全体とプロジェクトのパフォーマンスを可視化する機能だ。プロジェクトパフォーマンスビューでは、あるプロジェクトでCompute Engineインス

タンスが存在しているゾーン間のパケットロスとレイテンシーのメトリクスを表示する。Google Cloudパフォーマンスビューでは、Google Cloud全体のパケットロスとレイテンシーのメトリクスを表す。

□ファイアウオールインサイト

ファイアウオールインサイトはVPCのファイアウオールの使用状況に関するメトリクス情報と、構成に対する分析情報提示する機能である。これを利用することで、構成の誤りを発見したり、制限の緩すぎるルールを修正したりといった改善を行える。

メトリクスとして、特定のファイアウオールルールのヒット数（firewall_hit_count）と、ルールが最後に適用された時間（firewal_last_used_timestamp）を確認できる。分析情報としては、他のルールによって隠されているファイアウオールルールである「シャドウルール」の検出、制限が過度に緩いルールの検出（本書執筆時点ではプレビュー版）、ヒットした拒否ルールの検出がある。

5

第 6 章

CI／CD

6-1 CI／CDサービスの種類

　Google CloudのCI（継続的インテグレーション）／CD（継続的デリバリー／デプロイ）関連のサービスには、「Source Repositories」「Container Registry」「Artifact Registry」「Cloud Build」「Cloud Deploy」「Binary Authorization」がある（**図表6-1**）。サービス間でオーバーラップする機能があるが、Artifact RegistryやCloud Deployといった後継サービスが徐々にローンチされており、機能が重複している。いずれもフルマネージドなサービスであり、設計や運用に大きなコストをかけずに利用できる。アプリケーション開発でぜひ活用したいサービス群だ。

　Google CloudのCI/CDサービスは次のように利用する（**図表6-2**）。

(1) コードを管理する外部のリポジトリから、Source Repositoriesへ同期して管理

(2) コミットやタグなどのイベントをトリガーにCloud Buildでコードをビ

図表6-1 Google CloudのCI／CDサービス

サービス	概要	用途
Source Repositories	プライベートGitリポジトリ	・ソースコードの管理
Container Registry	コンテナイメージ管理	・コンテナイメージの管理
Artifact Registry	プライベートアーティファクト管理	・コンテナイメージの管理 ・アプリケーションパッケージの管理 ・OSパッケージの管理
Cloud Build	CI/CDサービス	・CI ・CD
Cloud Deploy	CDサービス	・CD
Binary Authorization	コンテナセキュリティー	・セキュアなコンテナデプロイ

ルド

(3) ビルドしたコンテナをArtifact RegistryやContainer Registryに格納
(4) Cloud DeployやCloud BuildでCloud RunやKubernetes Engineなど
　　の各サービスにデプロイ（この際にBinary Authorizationで承認され
　　たコンテナイメージのみデプロイする）

　前述の通り、 CI／CDサービスは後継サービスがローンチされていて
共存している状態のため、 サービスを選択する際には次の2点に注意す
る必要がある。

□Artifact Registry

　コンテナレジストリのサービスとしてContainer Registryが提供されて
いたが、レジストリの分割やコンテナ以外のパッケージ管理などの機能
が拡張されたArtifact Registryが新サービスとして提供された。 Artifact
Registryの利用が推奨されているが、本書執筆時点では割高なサービス

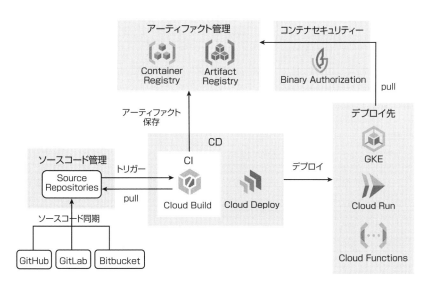

図表6-2　Google CloudのCI／CDサービスの連携フロー

となっているため注意が必要だ。Artifact Registryの料金については6-3
で後述する。

□Cloud Deploy

　これまではCloud BuildでCI／CDの両方を実施したり、Cloud Buildで
はCIのみを実施してCDについてはCloud RunやApp Engineの機能や
Argo CDやSpinnakerといったサードパーティーのツールを利用したり
することが多かった。Cloud DeployはCDに特化したサービスだが、本
書執筆時点ではまだ機能が限定されている。そのためCloud Deployで提
供される機能を確認し、要求を満たすかどうかを見極めて使うことを推
奨する。

6-2　Cloud Source Repositories (CSR)

　Cloud Source Repositories（CSR）はその名の通り、ソースコードを管理するためのGitリポジトリのマネージドサービスである。CSRはGoogle Cloudの多くのサービスと連携でき、Cloud FunctionsやApp Engineへのデプロイ、Cloud Buildを利用したCI、Cloud Pub/Subへの通知、Cloud Debuggerと連携した実行中のプログラムのデバッグなどが可能だ。連携内容は非常に多岐にわたるため、Google Cloudでアプリケーションを開発する場合は利用を推奨する。

6-2-1　CSRの使い方

　CSRでコードを管理する方法は2つある。GitHubやBitbucket、GitLabなどの外部のリポジトリから同期して利用する方法と、CSRで直接管理する方法だ。

　CSRはGitリポジトリとしての基本的な機能を備えているものの、開発者がコラボレートしてコードを開発する機能は持っていない。これは、多くの企業が既にGitリポジトリとして他のサービスを利用しており、Google Cloudで新たに別個に管理することを想定していないからと考えられる。そのためGitHubやBitbucket、GitLabといった外部のサービスを利用してコードの管理や開発者のコラボレーションを実現し、それらをCSRに同期してGoogle Cloudのサービスと連携したり、検索機能を利用して開発を高速化したりする使い方を推奨する。

□リポジトリ接続

　CSRは多くの場合、リポジトリ接続して利用する。CSRの同期機能はGitHubとBitbucketに対応しており、接続することで自動的に同期させることができる。また、本書執筆時点ではGitLabに関してはリアルタイム同期が提供されておらず、Google Cloudの公式ドキュメントには

GitLabからCSRへ定期的にプッシュ同期する方法が公開されている
(https://cloud.google.com/architecture/mirroring-gitlab-repositories-to-
cloud-source-repositories)。プッシュ同期する場合は同期元の制約で同
期頻度に制約があるため、利用サービスやプランに気を付けたい。

□CSRのストレージ

　CSRのバックエンドのストレージがどのように管理されているかは非
公開となっており、利用するリージョンを固定したり顧客管理の秘密鍵
でデータを暗号化したりできない。データの保存場所などの制約がある
場合には注意が必要だ。

□ソースブラウザ

　ソースブラウザによって、Google Cloudコンソールからリポジトリ内
のファイルやコミットログを見られる。加えて検索もできる。前者はご
く一般的な機能だが、検索はGoogleならではといえる機能だ。高速にリ
ポジトリ内の全ファイルの中から検索できる。生産性を高めるために、
ぜひ利用したい機能である。

　高速な検索を実現するため、自動的にインデックスが作成される。新
しいリポジトリを使う場合や大量にコミットした場合は、数時間にわた
り検索にヒットしないことがある点に注意が必要だ。

□秘密鍵の検知

　秘密鍵の検知機能を有効にすると、リポジトリへプッシュする際に
JSON形式のサービスアカウントキーとPEM形式の秘密鍵を検知し、
プッシュを拒否する。リポジトリ接続を利用している場合はリポジトリ
へプッシュされているわけではないため、秘密鍵の検知対象にならない
点に注意が必要だ。

　秘密鍵がリポジトリに混入した場合、鍵の漏洩によって攻撃されるリ
スクがある。そのため、直接CSRでコードを管理する場合は、秘密鍵の
検知機能を必ず有効にすることを推奨する。デフォルトではオフになっ

ている。

　本質的に秘密鍵はリポジトリへのプッシュ時ではなく、それ以前のコミット時に防ぐことが望ましい。原則はGit-secrets（https://github.com/awslabs/git-secrets）などを利用した上で、リポジトリ側における追加の防御として利用するとよい。

6-2-2　CSRの基本機能

□アクセス制御

　CSRはCloud IAMを利用したプロジェクトレベルのアクセス制御と、リポジトリレベルでのアクセス制御をサポートしている。リポジトリの作成・削除や各リポジトリに対する編集・参照権限が存在するため、プロジェクト内で複数のリポジトリを適切な権限で管理できる。

6

6-3　Container Registry

Container Registryは名前の通り、コンテナレジストリのマネージド
サービスだ。Dockerイメージマニフェストv2とOCIイメージを管理でき
る。今後は後続サービスであるArtifact Registryがメインとなり、
Container Registryは重要なセキュリティーの修正以外は予定されてい
ない。そのためArtifact Registryの利用を推奨する。

ただし本書執筆時点で、Artifact RegistryはContainer Registryに比べ
てストレージコストが約4倍となっている。Artifact Registryを利用する
場合は気を付けたい。

6-3-1　Container Registryの使い方

Container Registryの利用方法は至極シンプルだ。Cloud Buildを使う
かまたは手動でDockerイメージをContainer Registryにプッシュし、格
納されたイメージをCloud BuildやCloud DeployによってKubernetes
EngineやCloud Run、App Engine Flex版やCompute Engineへデプロイ
する。

利便性やセキュリティーの観点から、次の使い方を推奨する。

・リージョンの指定
・Container Analysis/Vulnerability Scanningの有効化

□レジストリのストレージ

Container RegistryのストレージとしてマルチリージョナルのCloud
Storageが直接利用される。イメージのプッシュ時に、指定するホスト
名で、保存されるロケーションが決まる（asia.gcr.ioであればアジア、
us.gcr.ioであればUSなど）。

以前はカスタムホスト名が利用できたが、現在はアジア、US、EUを

示す4つ（USが2つ）のホスト名のみ利用できる。また、ストレージは
サービスを有効化するタイミングではプロビジョンされず、初回のプッ
シュ時に自動で作成される。そのためIAM権限の変更や顧客管理の暗号
鍵を利用する場合は、作成された後に設定する必要がある。

Container Registryのストレージはマルチリージョナルストレージし
か選択できない。そのためデータを特定のリージョンに保存する要件が
ある場合は、Artifact Registryを利用することになる。

□キャッシュ

mirror.gcr.ioというレジストリで、Docker Hubリポジトリのうち頻繁
にアクセスされるパブリックなイメージがキャッシュされている。特殊
な設定などは不要で自動でキャッシュの確認と利用が行われるため、
キャッシュされているイメージを使用すると自動で利用されイメージの
プルが高速化される。

6-3-2 Container Registryの基本機能

□アクセス制御

Container Registryのアクセス制御は、バックエンドのストレージと
して利用されているCloud Storageに対するIAM権限で行う。Container
RegistryはCloud Storageを直接利用することで低コストを実現してい
る。ただし、ロケーションごとに1つのバケットしか利用できず、1つの
プロジェクトの1ロケーション内で複数のコンテナを管理する場合、コ
ンテナごとにアクセス権限を分離できないことに注意したい。コンテナ
ごとに権限を分離する場合は、Artifact Registryを利用したり、プロ
ジェクトごとに分離したりする必要がある。

Container Registryと統合されたGoogle Cloudのサービスは権限があ
ればイメージの操作が可能だが、それ以外のサードパーティーのクライ
アントを利用する場合は、Dockerの認証を行う必要がある。認証方法と

しては、gcloud コマンドやスタンドアローンのクレデンシャルヘルパー、アクセストークン、JSON の秘密鍵がある。セキュリティーの観点から gcloud のクレデンシャルヘルパーが推奨されるが、ツールによってサポートされないので注意したい。

□暗号化

Container Registry が利用するバケットで、暗号化に利用する鍵を指定できる。そのため顧客管理の暗号鍵を利用して、データを暗号化できる。

□コンテナセキュリティー

Container Analysis の Vulnerability Scanning を有効化することで、Container Registry へコンテナイメージをプッシュしたり、新しい脆弱性が発見された際にコンテナイメージの脆弱性スキャンを自動で行ったりできる。コンテナのビルドやイメージプッシュ時だけではなく、既に Container Registry にプッシュ済みでデプロイして利用しているコンテナに新しい脆弱が発見された場合でも、検知してセキュリティー対策を検討できる。積極的に活用したい。

□通知

Pub/Sub を利用してコンテナイメージの変更を通知できる。トピック名は固定で、イメージの追加や更新、削除が通知される。そのため、通知やパイプライン処理、セキュリティーなどさまざまな用途で利用できる。

6-4 Artifact Registry

Artifact RegistryはContainer Registryの後継サービスであり、新しい機能の追加やアップデートはArtifact Registryにのみ適用されていく。そのため、Container Registryの代わりに利用することが推奨されている。

6-4-1 Container Registryとの違い

Container Registryはデータを格納するCloud Storageで権限管理や顧客管理の暗号鍵を利用する必要があった。一方、Artifact Registryではストレージが隠ぺいされており、Artifact Registryのみで各種設定が完結する。

後継サービスではあるが、Container Registryと利用方法が異なる点もあるので、Container Registryから移行する場合はGoogle Cloudが提供しているガイドをよく確認することを推奨する。

Artifact RegistryはContainer RegistryがサポートするDockerイメージマニフェストv2とOCIイメージだけではなく、Helm、Java（Maven、Gradle）、Node.js（npm）、Python（PyPI）、OS（Apt、RPM：どちらもプレビュー版）がサポートされるため、イメージの管理やプライベートリポジトリとして積極活用したい。Container Registryではサポートされていなかった、リージョナルのストレージを利用できたり、1プロジェクト内で複数のリポジトリをそれぞれ権限分離して利用できたりするなどビジネスやセキュリティーの観点で機能拡張されている。

今後はArtifact Registryの利用を推奨するが、前述の通り、本書執筆時点でArtifact RegistryのストレージコストがContainer Registryの4倍程度であることに気を付けたい。

6

6-4-2　Artifact Registryの基本機能

　Artifact RegistryはContainer Registryの後継サービスのため、基本機能についてはContainer Registryとの差分を説明する。

□レジストリのストレージ

　Artifact Registryのストレージはサービスが独自に管理するため、Container RegistryのようにCloud Storageを参照することはできない。Artifact Registryは1プロジェクト内に複数のリポジトリを作成でき、アーティファクトの種類とリポジトリごとに、リージョナルのロケーションかマルチリージョナルのロケーションかを選択して管理できる。Artifact Registryの管理単位はリポジトリのため、権限管理や暗号化も全てリポジトリ単位で行える。

　Container Registryでは初回のプッシュ時に自動でストレージが作成されるが、Artifact Registryでは自動作成されない。事前にリポジトリを作成する必要がある。手軽に試したい場合はContainer Registryの自動作成は便利だが、実運用ではセキュリティーや権限を事前に設定した上で利用するのが一般的なため、Artifact Registryの方が使いやすい。

　Container Registryのホスト名はgcr.ioドメインが利用されたが、Artifact Registryではpkg.devとなっている。特にContainer RegistryからArtifact Registryへ移行する場合には、CI／CDなどの参照先が変わるため注意したい。

□アクセス制御

　アクセス管理はIAMでリポジトリごとに行うため、プロジェクトごとにマルチリージョナルのバケット単位でのみIAM制御可能なContainer Registryと比較し、Artifact Registryは最小権限で管理しやすく、セキュアな状態を維持しやすい。

　認証認可の仕組みはContainer Registryと同様で、Google Cloudのサービスから利用する場合には自動で認証認可を行われるが、それ以外

の場合は個別に認証を行う必要がある。リポジトリで管理しているアーティファクトのフォーマットによって認証方法が異なるため、認証方法が想定している用途に合っているか確認が必要である。

□通知

通知はContainer Registryと同じPub/Subのgcrトピックが利用されるため、Artifact RegistryとContainer Registry両方を利用している場合には注意したい。

6

6-5　Cloud Build

　Cloud Buildは名前の通りビルドをするためのサービスであり、CIで利用する。CDを担うCloud Deployが近年まで存在しておらず、本書執筆時点ではCloud Buildの公式ドキュメントにDeployのページがあることからも分かる通り、Cloud BuildでCDを実現することも多い。例えばgke-deployのようなGoogle Cloudが提供するコンテナイメージを利用することで、Cloud BuildでKubernetes Engineへのデプロイを実現できる。

　ただしデプロイに関するアーティファクトの管理やブルー／グリーン・デプロイメント、カナリアリリースといった高度なリリースをCloud Buildで行うと、処理が煩雑になる。そのため、SpinnakerやArgoCDを併用することも多い。

　Cloud Deployの機能や対応サービスの拡張に伴い、今後は役割が明確になっていくと考えられる。これからCI／CDパイプラインを実装する際には、最新の状況を確認して設計することを推奨する。

　次に説明する通り、Cloud Buildの機能は多岐にわたり、柔軟なCI／CDパイプラインの設計、実装が可能だ。Google Cloudでアプリケーションを開発する場合はぜひ利用したい機能の1つである。

6-5-1　Cloud Buildの使い方

　Cloud Buildを利用する場合は、実行したいタスクを1つ以上のステップとしてYAMLやJSONでビルド定義を記載する。ステップはCloud Buildが提供する定義やコミュニティー提供の定義のほか、自由に記載が可能なため、ビルドやテスト、静的解析、アーティファクト作成、デプロイといったCI／CDに関する様々な作業を定義できる。

　各ステップはDockerコンテナで実行され、それぞれがネットワーク経由で通信できる。そのため、結合テストやエミュレーターを利用したテ

ストが可能だ。

　また、ステップの先行関係を定義したり、複数のステップを並列に実行したりできることから、設計の工夫でビルドを高速化できる。ステップでは実行する内容のほか、環境変数による変数化やSecret Manager連携によるシークレットの利用、タイムアウトなどが指定可能で、ビルド全体の定義としてはサービスアカウントやログ用バケットの指定、マシンタイプやロギング方法が指定できるなど柔軟性が高い。

□ビルド環境

　ビルドを実行する環境はデフォルトでは、フルマネージドかつグローバルなプールからワーカーが割り当てられて実行される。プライベートプール機能を利用することで、ワーカーを特定のリージョンに固定し、接続可能なネットワークを制限したり、より細かなマシンタイプを指定したりできる。プライベートプールを利用する場合も、ワーカーはフルマネージドで管理され、自分が管理するVPC内のリソースにアクセスさせたい場合はVPCピアリングを利用することで実現できる。

□ビルド実行方法

　ビルドの実行は手動、API、トリガーが利用できる。CI／CDパイプラインのテスト中は手動で実行し、外部ツールから連携してCloud Buildを起動する場合にはAPIを、CSRからGitのプッシュやタグを契機に実行する場合はトリガーをそれぞれ利用するのが一般的である。実行方法に関わらず、ビルドの実行には人による承認を必須とできるため、特定のIAM権限を持ったユーザーがビルドを承認しない限りビルドされないように設定できる。これにより、CI／CDの処理は自動化しつつ、担当者による確認やデプロイのタイミング調整など、柔軟な対応が可能となる。

□課金単位

　Cloud Buildの課金単位はマシンタイプと実行時間で計算され、デフォ

ルトの実行環境には1日120分の無料枠（本書執筆時点）がある。ビルド
の処理を高速化したい場合には、前述の処理の並列化の他、Cloud Build
で利用するマシンタイプをより強力なものにすることで実現できる。課
金は実行時間に依存し、デプロイやその確認などの時間のかかる処理は
コストに影響するため、ビルド定義の設計時に気を付けたい。

□デバッグ環境

　Cloud Buildでビルド定義を設計、実装している間は頻繁に定義の確認
やデバッグを行うことがあるが、これをCloud Build上で行うとシンタッ
クスエラーなどの定義不備によるエラー対応や定義の反映、ビルドなど
に時間がかかるだけでなく、無駄なアーティファクトが生成されてしま
う。Cloud Buildが提供するローカルでデバッグを行えるcloud-build-
localを利用することでこのような問題を回避できるため、ビルドの設
計、実装時には積極的に利用するとよい（Cloud Buildの機能を100％カ
バーしているわけではないため、あくまでもデバッグ用途に限る）。

6-5-2　Cloud Buildの基本機能

□アクセス制御

　Cloud Buildのアクセス管理はIAM権限で行い、ビルド定義やログの閲
覧、承認が制御できる。ただし、ログ出力先のCloud Storageバケットを
変更した場合には、ログを閲覧するために該当のバケットに対して権限
が必要になる。また、権限の管理はサービス単位で行い、ビルド定義単
位では行えないため、より細かく権限管理したい場合はプロジェクトご
と分離する必要がある。

　一方、Cloud Buildのビルドで利用する権限に関してはビルド時に利用
するサービスアカウントを指定可能なため、定義ごとに異なるサービス
アカウントを作成しIAM権限を管理することで、詳細な権限管理が可能
となる。

□暗号化

　Cloud Buildは顧客管理の暗号鍵に対応しているため、KMSで管理された鍵を指定することでビルド時に利用される永続ディスクがその鍵で暗号化される。

　また、Cloud BuildはSecret Managerと連携が可能なため、APIキーやパスワードなどの秘匿情報をSecret Managerで管理し、Cloud Buildで連携することで秘匿情報をファイルなどに書き出さずにビルド内から直接参照できる。

□通知

　Cloud Buildはビルドに関するイベント情報を全てPub/Subのcloud-buildsトピックに送付するため、それを受信して通知を実装する。Cloud Run上で動作するCloud Build notifiersをDockerのコンテナイメージとしてGoogle Cloudが提供しているため、これを利用することでSlackやSMTP、BigQuery、HTTPへ通知できる。独自の通知を行う場合は、Pub/Subのメッセージを受信して通知を行う実装が必要となる。

6

6-6　Cloud Deploy

　Cloud Deployは名前の通り、デプロイに特化したフルマネージドサービスである。本書執筆時点ではデプロイ先がKubernetes Engineのみのため、利用を検討する際には対応状況や機能を確認したい。

6-6-1　Cloud Deployの使い方

　Cloud DeployはオープンソースのSkaffoldを利用して定義のレンダリングとパイプラインを分離しているため、柔軟かつ簡潔に定義できる。また、**図表6-3**の通り、 Cloud DeployはCloud BuildやCloud Storage、Operations Suite、 Pub/Subといった多数のGoogle Cloudのサービスが利用されている。Cloud Deployは実績があり、安定して稼働するサービスを活用しながらアーティファクトやバージョンの管理などに特化したつくりとなっており、信頼して利用できるサービスであると期待できる。

　Cloud Deployは本書執筆時点ではKubernetes Engineにしか対応していないが、今後の拡張を見つつ積極的に活用したいサービスだ。

□デリバリーのプロセス

　Cloud Deployを利用したデリバリーのプロセスは次の通りである。

(1) Skaffoldで何（コンテナイメージやKubernetesのマニフェストなど）をどのようにデプロイするか定義する
(2) デリバリーパイプライン（Cloud Deploy独自のYAML定義）でどのような順番でターゲット（デプロイ先）へデプロイするか定義する
(3) ターゲットを定義する
(4) (1)〜(3)をCloud Deployへ登録する
(5) CIパイプラインなどからgcloudコマンドやAPI経由でCloud Deploy

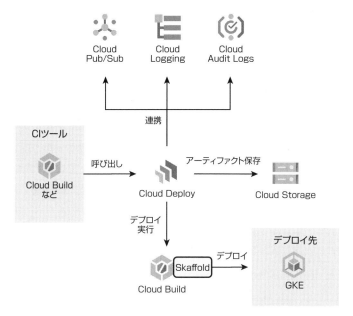

出所:Google Cloudの資料(https://cloud.google.com/deploy/images/hi-level-architecture.png)を基に筆者作成

図表6-3　Cloud Deployを使ったCI／CDのアーキテクチャー

を呼び出す。これによりリリースと最初のターゲットに対するロールアウトが作成される

(6) 次のターゲットへデプロイする準備ができたら（5）の要領でCloud Deployを呼び出す。これにより（2）で定義した順番に従って次のターゲットに対するロールアウトが作成される

(7) 全てのターゲットへデプロイされるまで（6）を繰り返す

　リリースはCloud Deployがデプロイするリソースと各ターゲットにデプロイする方法の一連のライフサイクルを指し、ロールアウトはリリース内の個々のターゲットに対するデプロイを指す。そのため、一般的に1つのリリースに開発、QA、プロダクションといった複数のターゲットに対するロールアウトが含まれることになる。各ターゲットの定義でデ

プロイ時の承認要否を設定でき、その通知も行うことができるため、承認された場合のみ該当のターゲットへデプロイする、といったことが可能だ。

□ロールバック

Cloud Deployはリリースに関するアーティファクトや定義、結果を管理しているため、ターゲットごとに過去のリリースへロールバックが可能だ。Cloud Deployのロールバックは特殊な動作をしているわけではなく、指定されたリリースを再度デプロイするため、過去に成功したデプロイのリソースとパラメーターを利用した安定したロールバックが実現されている。

このロールバックの仕組みはGoogleのSRE本第3段である『Building Secure & Reliable Systems』（https://static.googleusercontent.com/media/sre.google/en//static/pdf/building_secure_and_reliable_systems.pdf）で安定したリリースとロールバックを実現できるとされており、Cloud Deployはそれに沿って設計されていると考えられる。

□高度なリリース

本書執筆時点ではCloud Deploy自体はブルー／グリーン・デプロイメントやカナリアリリース、プログレッシブリリースには対応しておらず、環境間で順にデプロイすることしかできないため、今後の対応に期待したい。

6-6-2　Cloud Deployの基本機能

□アクセス制御

Cloud Deployのアクセス管理はIAM権限で行い、プロジェクト内のデリバリーパイプライン、ターゲット単位の権限管理が行える。また、IAM Conditionsを利用することで、特定のターゲットのみへロールアウ

トや承認を許可するといったより詳細な権限管理が可能だ。

□暗号化

　本書執筆時点ではCloud Deployは顧客管理の暗号鍵に対応していないため、今後の対応に期待したい。秘匿情報の管理に関してはCloud DeployはCDに特化したサービスであり、デプロイするアーティファクトに秘匿情報が含まれること自体がセキュリティー上望ましくないため、原則としてCloud Deploy外（Kubernetes EngineとSecret Manager連携など）で実現することが推奨されている。

□通知

　Cloud Deployはリソース、オペレーション、承認の3つの情報をそれぞれ異なるPub/Subのトピックに通知する。Pub/Subからの通知は直接受け取る必要があり、 Cloud Buildの通知用に提供されているCloud Build notifiersのようなものは現状提供されていないため、今後に期待したい。

6

6-7　Binary Authorization

　Binary Authorization は直接CI／CDを構成するサービスではないが、Googleがオープンソースソフトとして公開しているKubernetesのソフトウエアサプライチェーンをセキュアにするGrafeasのKritisに準拠しており、CI／CDの中で各種Google Cloudのサービスへデプロイ可能なコンテナを制御できるため、コンテナを利用する場合はぜひ利用したい。

　コンテナは可搬性を高め、マイクロサービスのような疎結合のシステムの開発に向いている。一方で、2020年の研究によるとパブリックなコンテナイメージの半数以上に脆弱性があり、マルウエアやマイニングマルウエア、バックドアが仕込まれているといわれている。そのため、コンテナを利用する場合はソフトウエアのライフサイクルを含めたサプライチェーン攻撃に注意が必要だ。

　Binary Authorization 自体は防御の機能を持たないものの、ユーザーの設計したデプロイメントポリシーなどを明文化し強制するため、CI／CDに組み込むことで無駄な作り込みをすることなくパイプラインをセキュアにできる。

6-7-1　Binary Authorizationの使い方

　Binary Authorization は次に記載するポリシーとルール、証明書によってコンテナイメージのデプロイ可否を制御する。

□ポリシーとルール

　ポリシーはプロジェクト内に定義されるデプロイ可否を定義するリソースで、事前に定義したポリシーを満たしている場合にデプロイを許可する。ポリシーはプロジェクトに1つのみ存在し、いずれのルールにも合致しない場合に利用される1つのデフォルトルールと、サービスごとに異なる0個以上の詳細ルールで構成される。デフォルトルールでは

全許可、全拒否、認証者による証明書ベースの3つが選択可能で、詳細
ルールはサービスごとに異なるが、例えばKubernetes Engineではクラ
スタやサービアカウントで制御できる。

□証明書

Binary Authorizationはコンテナイメージを一意に特定するダイジェ
ストに、あらかじめ設定された認証者が署名して証明書を作成し、デプ
ロイ時にその証明書を検証することでデプロイ可否を判断する。証明書
機能では次のような項目を検証することで、CIパイプラインや脆弱性有
無、手動の検証結果に応じて署名するか判断できるため、柔軟性と利便
性が高い。

・ビルド

該当のコンテナが想定通りのCIパイプライン（Cloud Buildなど）によっ
てビルドされたかどうかを検証する

・脆弱性

Container AnalysisやVoucher/Kritis Signerによって脆弱性に関する情報
を基に検証する

・手動

IAM権限を付与されたユーザーが手動で証明書を作成する

□継続的バリデーション

実行中のコンテナに対してポリシーを確認する継続的バリデーション
が本書執筆時点でプレビュー版となっている。コンテナに限らず、デプ
ロイ後に脆弱性が発見されることは往々にしてあるため、システムをセ
キュアに保つのに強力な機能であり、一般提供が待ち望まれる。

□ドライラン

各ルールには強制モードとドライランモードがあり、新しいルールや

機能の検証時にはドライランモードにすることで、デプロイが制御されるかを実際に行うことなく監査ログで動作を確認できる。

□除外イメージ

ポリシーに関わらず常にデプロイ可能とされるコンテナイメージを除外イメージとして定義できる。デフォルトではKubernetes Engineの稼働に必要なイメージ郡が登録されており、再帰やタグ、ダイジェストを利用して除外したいイメージを追加することが可能だ。

6-7-2　Binary Authorizationの基本機能

□アクセス制御

Binary Authorizationのポリシーや証明書の管理はIAM権限で行い、プロジェクト内のポリシー編集や閲覧、証明書付与などを管理できる。

第 **7** 章

データ分析

7-1　データ分析サービスの種類と使い分け

　Google Cloudのデータ分析サービスには「BigQuery」「Cloud Pub/Sub」「Cloud Dataflow」「Cloud Dataproc」「Cloud Composer」「Cloud Data Fusion」「Cloud Data Catalog」「Cloud Dataprep」がある（**図表7-1**）。

　これらのデータ分析サービスを利用することで、スケーラブルなデータ分析基盤を素早く構築できる。またオープンソースソフトを積極的に採用している点も特徴の1つである。Cloud DataflowはApache Beamを、Cloud ComposerはApache Airflowをそれぞれ採用しており、オープンソースソフトとBigQueryに代表されるGoogle Cloud独自のテクノロジーを組み合わせることで、柔軟性の高いデータ分析環境を構築することが可能である。

図表7-1　Google Cloudのデータ分析サービス

サービス	概要
BigQuery	フルマネージドのデータウエアハウス
Cloud Pub/Sub	多対多の非同期メッセージングサービス
Cloud Dataflow	バッチおよびストリーミングのデータパイプラインサービス／Apache Beamのマネージドサービス
Cloud Dataproc	大規模分散処理サービス／Apache Hadoop・Apache Sparkのマネージドサービス
Cloud Composer	フルマネージドのワークフローオーケストレーションサービス／Apache Airflowのマネージドサービス
Cloud Data Fusion	組み込みコネクターやGUIを用いたデータパイプラインサービス／CDAPのマネージドサービス
Cloud Data Catalog	フルマネージドのデータ検出およびメタデータ管理サービス
Cloud Dataprep	フルマネージドのデータプレパレーションサービス

　データ分析を「データ収集」「データ処理」「データ蓄積」「データ分析」「データ活用」の5つのフェーズに分けると、Google Cloudのデータ分析サービスは次のように分類できる（**図表7-2**）。

　Google Cloudのデータ分析サービスは互いに補完し合う関係にあるため、どちらか一方が優れており、片一方だけを利用すればよいといった

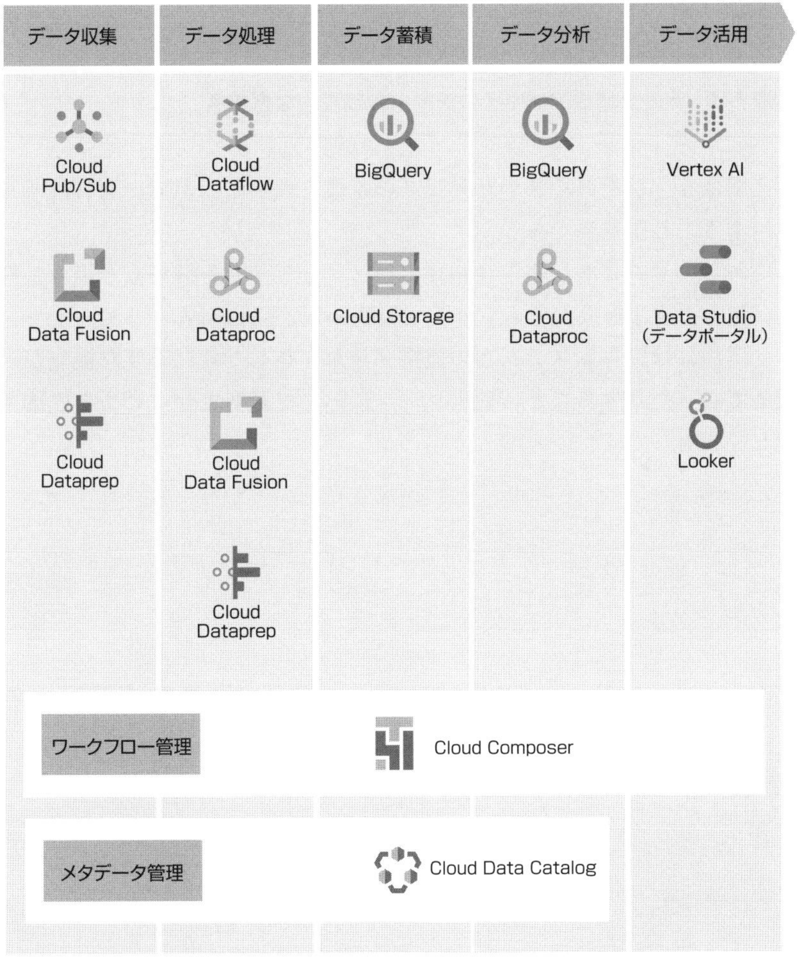

図表7-2　データ分析フェーズとGoogle Cloudサービス

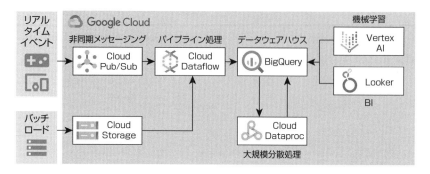

図表7-3　データ分析アーキテクチャーの代表的な構成例

考えではなく、それぞれのサービスの特徴を理解した上で、適材適所で利用することが重要である。

　これらのサービスを組み合わせてデータ分析基盤を構築した場合、例えば次のような構成が考えられる（**図表7-3**）。これはあくまで一例であり、実施には既存システムとの連携部分が存在したり、必要な機能が限定的であったりするなど、利用シーンに応じて適切なサービスを取捨選択して利用してほしい。

7-2 BigQuery

BigQueryは高いスケーラビリティーと処理能力を備えたフルマネージドのデータウエアハウスである。コスト、性能、使いやすさにおいて他のデータウエアハウス製品とは一線を画しており、データウエアハウスの分野において確固たる地位を築いている。競合製品も台頭してきているものの、本書執筆時点ではBigQueryの右に出るデータウエアハウス製品はないと著者は考える。

BigQueryはTB級のデータに対するクエリーを数秒で返す強力なクエリーエンジンと、低価格で実質無限大にスケールするストレージを合わせたサービスであり、クエリーエンジンは使用しなければ費用は発生しない。そのため、専用ハードウエアを常時稼働させることが多い従来のデータウエアハウスと比べて圧倒的に安く利用できる。

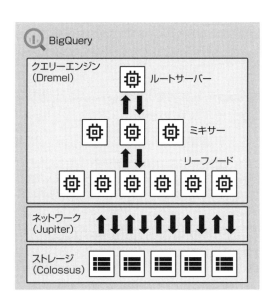

図表7-4 BigQueryの基本概念

　これらの優位性はDremel、Colossus、Jupiter、BorgといったGoogle独自の優れた技術によるものである。特にクエリーエンジンを担うDremelはBigQueryの心臓部であり、クエリーをツリー構造に変換して大規模分散処理を行う仕組みがBigQueryの驚異的な性能を生み出している（**図表7-4**）。

　機能拡張も活発に行われており、SQLを利用した機械学習モデルの構築・実行を可能にするBigQuery ML、BIツールの性能を改善するインメモリー分析サービスであるBigQuery BI Engine、他のパブリッククラウド上でBigQueryを展開・実行するBigQuery Omniなどがリリースされている。

7-2-1　データセットとテーブル

　データセットはテーブルを管理する単位であり、利用するロケーションはデータセットで指定する。ロケーションには「リージョン」と「マルチリージョン」が存在する。本書執筆時点でマルチリージョンはUS（米国内の複数リージョンを利用）とEU（欧州内の複数リージョンを利用）が選択でき、日本国内のリージョンが含まれるマルチリージョンは存在しない。

　テーブルはデータの格納単位であり、BigQueryのストレージを利用するネイティブテーブルと、外部ストレージを利用する外部テーブルの2種類が存在する。ネイティブテーブルに比べて外部テーブルはクエリー性能が劣化するため、特殊な要件がない限りネイティブテーブルの利用を推奨する。

7-2-2　パーティション分割テーブルと クラスタ化テーブル

　BigQueryのパフォーマンス向上とコスト削減を実現する上で「パーティション分割テーブル」と「クラスタ化テーブル」は重要な機能であ

るため、それぞれについて解説する（**図表7-5**）。

パーティション分割テーブルは1つの大きなテーブルを日単位や月単位の「パーティション」に分割した特殊なテーブルである。日単位のパーティション分割テーブルを例に取ると、特定の1日をフィルタ条件に指定したクエリーは、該当日付のパーティションのみをスキャン対象とするため、スキャンするデータ量が削減され、パフォーマンス向上とコスト削減が実現できる仕組みである。パーティション分割の単位は時間単位、日単位、月単位、年単位の「時間単位」と、整数列の値に基づいた「整数単位」がサポートされており、分析を行う上で意味のある時間情報を保有するテーブルはパーティション分割テーブルの利用を推奨する。

クラスタ化テーブルは指定した1つもしくは複数の列の値に基づいてデータを並べ替え、同じ値を持つデータを同じもしくは近くのブロックに格納する機能である。クラスタリングに使用する列は一般的にカーディナリティーの高い非時間情報が推奨される。タグ情報の列でクラス

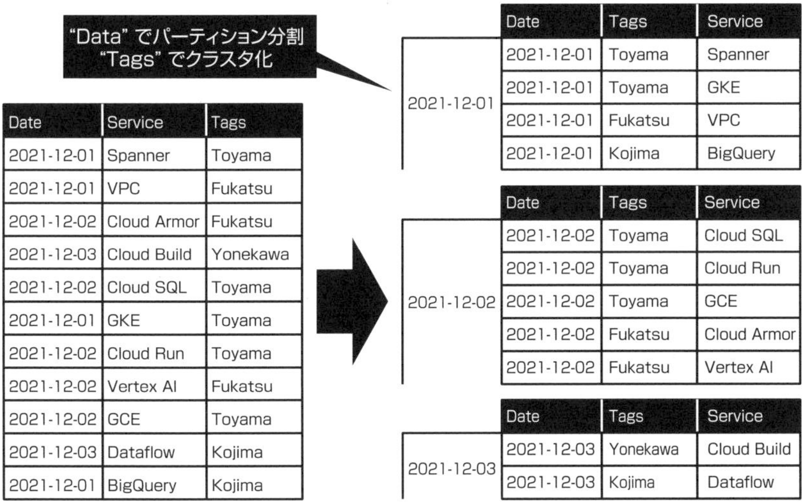

Date	Service	Tags
2021-12-01	Spanner	Toyama
2021-12-01	VPC	Fukatsu
2021-12-02	Cloud Armor	Fukatsu
2021-12-03	Cloud Build	Yonekawa
2021-12-02	Cloud SQL	Toyama
2021-12-01	GKE	Toyama
2021-12-02	Cloud Run	Toyama
2021-12-02	Vertex AI	Fukatsu
2021-12-02	GCE	Toyama
2021-12-03	Dataflow	Kojima
2021-12-01	BigQuery	Kojima

Date	Tags	Service
2021-12-01	Toyama	Spanner
2021-12-01	Toyama	GKE
2021-12-01	Fukatsu	VPC
2021-12-01	Kojima	BigQuery

Date	Tags	Service
2021-12-02	Toyama	Cloud SQL
2021-12-02	Toyama	Cloud Run
2021-12-02	Toyama	GCE
2021-12-02	Fukatsu	Cloud Armor
2021-12-02	Fukatsu	Vertex AI

Date	Tags	Service
2021-12-03	Yonekawa	Cloud Build
2021-12-03	Kojima	Dataflow

図表7-5 パーティショニングとクラスタリング

タリングしたテーブルを例に取ると、特定のタグでフィルタリングした
クエリーは必要なブロックのみをスキャンするため、パフォーマンス向
上とコスト削減が実現できる。

　また特定のタグを集計に利用したクエリーはデータが既に並べ替えら
れているため、パフォーマンス向上が実現できる。クラスタ化テーブル
は自動再クラスタリングの機能も備えており、テーブル内のデータ特性
が時間経過とともに変化した場合でもパフォーマンス特性が維持される
ように自動でチューニングを行ってくれる。これらの機能が効力を発揮
するかはデータの特性やユースケースに依存するため、Google Cloudの
公式ドキュメント（https://cloud.google.com/bigquery/docs/
partitioned-tables#partitioning_versus_clustering）で利用すべきユース
ケースを確認することを推奨する。

7-2-3　データの取り込み

　BigQueryは「バッチでのデータ取り込み」と「ストリーミングでのデー
タ取り込み」をサポートしている。バッチは費用がかからず、複数の
データソース・ファイル形式・取り込み方法をサポートしている。データ
ソースはCloud Storageを利用することが一般的であるが、ローカル端末
やGoogleドライブからのアップロード、Cloud Bigtableからのデータ取
り込みなどもサポートしている。ファイル形式はCSV、JSON、Avro、
Parquet、ORCをサポートしている。

　取り込み時間はAvro形式が最も短く、Parquet／ORCに次いでCSV、
JSONの順で性能が劣化する。取り込み方法はCloud Console、CLI、API
のほかに、Cloud DataflowやCloud DataprocなどのGoogle Cloudサービ
スも利用可能である。またBigQuery Data Transfer Serviceを利用する
とGoogleのSaaSアプリケーションや他のパブリッククラウド、サード
パーティーのデータウエアハウス製品から簡単にデータを取り込むこと
ができ、データマイグレーションなどの用途としても利用できる。

　ストリーミングでのデータ取り込みにはCloud DataflowやCloud

Dataprocを利用することが多く、tabledata.insertAllメソッドを発行することで1レコードずつデータをストリーミングする仕組みである。

7-2-4　クエリーの種類

　クエリーには「インタラクティブクエリー」と「バッチクエリー」の2種類が存在する。両者の違いは優先順位のみで、同じクエリーリソースを使用するため性能面での差異はない。

　インタラクティブクエリーはクエリーを発行すると直ちに処理が開始されるが、同時に発行できるクエリー数には上限が存在するため、アドホックな分析などでインタラクティブクエリーを利用する。

　バッチクエリーは一度キューに格納され、インタラクティブクエリーで未使用のクエリーリソースを使用して処理を行う。24時間以内にクエリーが開始されない場合は自動的にインタラクティブクエリーに変更されて処理が開始されるが、バッチクエリーも数分以内に処理が開始されることが大半である。バッチクエリーは同時に発行できるクエリー数に制限がないため、応答時間の制約がないクエリーを大量に同時発行する際にはバッチクエリーの利用を推奨する。

　クエリー言語はANSI SQL 2011標準に準拠した「標準SQL」とBigQueryリリース当時から利用されている「レガシーSQL」の2種類をサポートしている。標準SQLは機能面でも充実しているため、特別な要件がない場合は標準クエリーの利用を推奨する。またBigQueryはSQLもしくはJavaScriptで記載したユーザー定義関数（UDF：User Defined Functions）もサポートしており、クエリーの可読性や再利用性を高めることができる。

7-2-5　クエリー結果のキャッシュと保存

　クエリーの実行結果は24時間有効なキャッシュに保存される。まったく同じクエリーはキャッシュから結果が返され、レスポンス性能が良い

だけでなく、クエリー課金が発生しない特徴がある。キャッシュは特殊な用途以外ではキャッシュは無効化しないことを推奨する。クエリー結果を永続的に保存する場合には、クエリー結果を任意のテーブルに書き込む以外に、スプレットシートへの書き込み、GoogleドライブもしくはローカルディスクへのCSV／JSON形式ファイルの出力が可能である。

7-2-6 ビュー

　ビューはクエリー結果をテーブルのように扱う機能であり、クエリーによって定義される実体を持たない仮想テーブルである「標準ビュー」と、クエリー結果を定期的にキャッシュする実体のあるビューである「マテリアライズドビュー」の2種類が存在する。テーブルと同じようにビューに対してクエリー発行が可能なため、複雑なクエリーを標準ビューとして定義しておき、後続のクエリーは標準ビューに対して発行することでクエリーを簡略化できる。標準ビューはソーステーブルを照会するたびにクエリーが発行され、決してパフォーマンスが良いとはいえない。この問題を解決するのがマテリアライズドビューである。

　マテリアライズドビューはクエリー結果を定期的にキャッシュする実体を持ったビューであり、ソーステーブルに変更が加わると自動的にデータが更新され、常に最新の情報を維持する。マテリアライズドビューは疑似インデックスとして利用でき、特定のクエリーを繰り返し発行する用途においてパフォーマンス向上とコスト削減が実現できる。またソーステーブルへのクエリーがマテリアライズドビューで代替できる場合には、マテリアライズドビューが自動的に利用される仕組みとなっており、パフォーマンス向上とコスト削減が自動的に実現される。

7-2-7 料金とスロット

　BigQueryの利用料金はストレージ料金とクエリー料金から成る。ストレージ料金はCloud StorageのStandard Storageとほぼ同等の金額

設定となっており、過去90日間連続で変更が発生しなかったテーブルやパーティションは自動的に50%の割引が適用されるため、Nearline Storageとほぼ同等の金額で利用できる。

クエリー料金は従量課金モデルの「オンデマンド」料金と定額モデルの「フラットレート」料金の2種類が存在する。デフォルトではオンデマンドが採用されており、フラットレートを利用する場合は月額2400ドルから利用可能である（本書執筆時点、東京リージョンの料金）。どちらのモデルを利用するかを判断するには「スロット」を理解する必要がある。スロットはクエリーを実行するための仮想CPUのことであり、多くのスロットを利用することで複雑なクエリーを高速に処理できる仕組みである。

オンデマンドはデフォルトで2000スロットが利用でき、データセンター上に空きスロットがあれば2000スロットを超えたバースト利用が可能なモデルである。毎月1TBの無料枠が付与されているが、スロットによって処理されたデータ量（Byte数）に応じた課金モデルのため、使い過ぎによる高額請求の可能性がある。そのため、フラットレートの最低金額を超えない少額利用や、処理されるデータ量が予測可能な場合にオンデマンドの利用を推奨する。

フラットレートはスロット数と利用期間を事前に決めて購入するモデルであり、100スロット単位で購入できるスロット数と利用期間に応じた固定金額が課金される。処理されたデータ量は課金に影響しないため、一定の処理性能下でクエリーし放題のモデルともいえる。そのため、処理されるデータ量の予測が難しい場合や、性能をセーブして定額で利用したい場合、もしくは大量のスロットを安定して利用したい場合にフラットレートの利用を推奨する。

オンデマンドは性能がバーストするメリットがある半面、一時的にデータ量が高騰するようなケースではコストを抑えることが難しい。フラットレートはその逆で、一時的に性能を上げることが難しい。

この課題を一気に解決する機能が「Flex Slots」である。Flex Slotsは60秒単位でスロットを定額購入できる機能で、一時的なパフォーマンス

向上やコスト抑制などの用途に利用できる。オンデマンドを利用している環境では、大規模データを処理する時間に限定してFlex Slotsを適用することで、一時的なコスト増を抑えることができる。またフラットレートを利用している環境では、負荷の高い処理を行う時間だけFlex Slotsを追加購入することで、一時的にパフォーマンスを向上させることが可能だ。

▌7-2-8　BigQueryの基本機能

□アクセス制御

BigQueryはIAMを用いたアクセス制御をサポートしており、組織／フォルダー／プロジェクトレベルを最上位に、データセットレベル、テーブル／ビューレベル、行／列レベルでアクセス権限を設定できる。上位階層の設定は下位階層に継承され、下位階層ではアクセス権限の追加のみで剥奪はサポートされていないため、上位階層で強力な権限を付与する際には過剰な権限付与にならないよう注意が必要である。

クエリーの実行結果のみを特定のユーザーやグループと共有する機能として、承認済みビューがある。通常のビューではソースとなるテーブルへのアクセス権限も合わせて付与する必要があるが、承認済みビューはソーステーブルの権限なしにビューを特定のユーザーやグループと共有できるため、必要な情報に限定した形でデータへのアクセス権限を付与できる。

□バックアップ

データのバックアップにはタイムトラベルとスナップショットの2種類の機能が利用できる。タイムトラベルは直近7日間の任意の時点のデータにアクセスできる機能で、誤って更新や削除してしまったテーブルデータの復元用途として利用できる。

7日間を超えるバックアップ取得が必要な場合には、スナップショッ

トを利用する。スナップショットは作成時点のデータやスキーマから変更できない読み取り専用のテーブルであり、通常のテーブルと同じようにスナップショットに対してクエリーを発行することも可能である。スナップショットはベーステーブルとの間に発生した差分データサイズにのみ課金されるため、ベーステーブルに変更が発生しなければスナップショットには費用が発生しない。

□暗号化

BigQuery内に保存される全てのデータは保存時に暗号化される。使用される暗号化鍵はGoogle Cloudが管理するデフォルト暗号鍵と顧客管理の暗号鍵（CMEK）をサポートしている。また、認証付き暗号（AEAD）暗号化関数を使用することで、テーブル内の個々の値を暗号化することも可能である。

□可用性・耐障害性

本書執筆時点において、他のパブリッククラウドのデータウエアハウスサービスで99.9％のSLA設定が多いなか、BigQueryのSLAはサービス月間稼働率99.99％と高い可用性を誇る。BigQuery内のデータは同一リージョン内の複数ゾーンでデータレプリケーションを実施することで可用性の向上が図られ、データセンター内でデータレプリケーションを実施することでデータ永続性およびRead性能の向上を図っている。

7-2-9　その他のBigQuery関連サービス

機械学習やマルチクラウドといった文脈でBigQueryを中心とする機能拡張が活発に行われている。ここからはBigQueryの関連サービスについて解説する。

□BigQuery ML

BigQuery MLはSQLクエリーを用いて機械学習モデルの構築・実行を

行う機能である。機械学習の専門知識やPythonのコーディングなども不要であるため、SQLの知識さえあれば誰でも簡単に機械学習が利用できる点で画期的なサービスである。

BigQuery MLは線形回帰や2項ロジスティック回帰、時系列モデルなど様々なモデルをサポートしているほか、学習済みのTensorFlowモデルからBigQuery MLのモデルを作成し、BigQuery MLで予測することも可能である。またAutoML Tablesモデルもサポートしており、第8章で解説するVertex AIのAutoML Tablesと直接かつシームレスに統合できる。

□BigQuery BI Engine

BigQuery BI EngineはData StudioやLooker、TableauなどのBIツールをBigQueryに接続する際に利用できるインメモリー分析サービスである。BigQuery BI Engineを利用することでクエリー応答時間を1秒未満に改善し、ダッシュボードの表示やレポート機能の高速化を実現できる。Cloud Console上で数クリック操作するだけで利用を開始でき、利用開始後もユーザーによる細かなチューニング作業は不要だ。

□BigQuery Omni

BigQuery OmniはオブジェクトストレージサービスのAmazon S3やAzure Blob Storageに格納されたデータに対してBigQueryを利用したデータ分析を行うためのマルチクラウドデータ分析サービスである。Amazon S3やAzure Blob Storageからデータを移動するコストや手間はかからないうえに、通常のBigQueryと同じCloud Console上で一元的な操作や管理が可能であるため、データの所在を意識しないデータウエアハウスサービスとして利用が可能である。

BigQuery OmniはAnthosをベースとしたサービスであり、他のパブリッククラウド上に構築したAnthosクラスタでBigQueryのコンピューティングリソースを展開する仕組みだ。AnthosクラスタはGoogleが管理しているため、ユーザー自身でコンピューティングリソースを構築・管

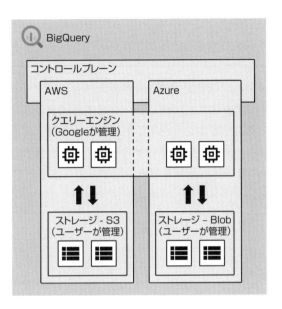

図表7-6　BigQuery Omniの概要

理する必要はない（**図表7-6**）。それゆえAWSやAzureはストレージ料金以外に追加費用が発生することはなく、BigQueryの価格体系でクエリー料金のみが発生する。

7-3 Cloud Pub/Sub

　Cloud Pub/Subは低遅延で高い可用性とスケーラビリティーを有した
メッセージングサービスだ。利用シーンは多岐にわたり、例えばアプリ
ケーションを構成するコンポーネント同士をつなぎ、非同期処理を実現
する役割がある。データ分析サービスとして捉えた場合、主にストリー
ミングデータの取り込み処理を行うコンポーネントとして利用される。

7-3-1 Pull型／Push型

　Cloud Pub/Subでは、メッセージを送信するアプリケーションやデバ
イスのことを「パブリッシャー」、メッセージを受信するアプリケーショ
ンやデバイスを「サブスクライバー」と呼ぶ。Cloud Pub/SubはPull型
とPush型の2種類のメッセージ配信方法をサポートしている。Pull型は
サブスクライバーが能動的にCloud Pub/Subのエンドポイントにメッ
セージを取りに行く方法であり、Push型はCloud Pub/Subからサブスク
ライバーが公開するHTTPSエンドポイントに対してメッセージを送信

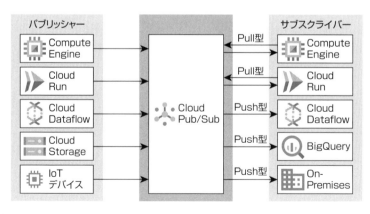

図表7-7　Cloud Pub/Subの基本概念

する方法である（**図表7-7**）。

Cloud Pub/Subは高速なデータアクセスを実現するために、パブリッシャーから最も近いGoogle Cloudデータセンターにメッセージがルーティング・保持される仕組みになっている。メッセージが保持されるリージョンを限定したい場合は、メッセージストレージポリシーを利用することで実現可能である。

7-3-2　配信モデルと順序制御

Cloud Pub/Subはメッセージが少なくとも1回は配信されるat-least-once配信モデルであるため、メッセージが重複配信される可能性を考慮しなければならない。具体的にはサブスクライバーとなるアプリケーションでは冪等性が保証される設計・実装を行う必要がある。メッセージが必ず1回のみ配信されるexactly once配信モデルが必要な場合は、Cloud Dataflowを利用するなどして重複排除の仕組みを追加実装することで実現可能である。

順序制御を行うには順序指定オプションを有効化し、メッセージに順序指定キーを付加することで、同じリージョンに送信されたメッセージの順序制御を行える。同じリージョンへのメッセージ送信は、通常のグローバルエンドポイントではなくリージョンエンドポイントを利用することで実現可能である。

7-3-3　デッドレタートピック

Cloud Pub/Subは配信不能メッセージを転送するためのデッドレタートピックをサポートしている。デッドレタートピックを設定すると、正しく配信できずに再試行回数の上限に達したメッセージをデッドレタートピックに転送し、元のサブスクリプションから対象メッセージを削除できる。正常に処理されないメッセージのみを分離できるため、エラーの原因調査などの用途に利用する。

7-3-4　Pub/Sub Lite

　Pub/Sub Liteは可用性や利用できる機能を抑えた廉価版Cloud Pub/Subである。Cloud Pub/Subほどの可用性は不要で、gRPCを利用したPull型のメッセージ配信を利用する際にはPub/Sub Liteを選択肢として検討したい。

7-3-5　Cloud Pub/Subの基本機能

□アクセス制御
　Cloud IAMを利用したプロジェクトレベルのアクセス制御と、トピックレベル・サブスクリプションレベルでのアクセス制御がサポートされている。Push型サブスクリプションからGoogle Cloudの別サービスを呼び出す場合には、サブスクリプションに関連付けられたサービスアカウントで認証を行う。このサービスアカウントにはサブスクライバーのGoogle Cloudにアクセスするための適切なロールを付与しておく必要がある。

□バックアップ
　スナップショット機能を利用することで、ある時点のサブスクリプションに含まれるメッセージとそれ以降に送信されるメッセージをキャプチャーとして残すことが可能である。サブスクライバーのリリース作業時に利用する機能で、サブスクライバーが正常に動作しなかった際に配信済みのメッセージを復元・再配信できる。スナップショットには7日間の有効期限が存在し、長期保存はできない点に注意が必要である。

□暗号化
　Cloud Pub/Subとパブリッシャーおよびサブスクライバーとの通信は全てTLSで暗号化されており、エンドツーエンドで暗号化されたデータ

通信が可能である。またCloud Pub/Subは顧客管理の暗号鍵の利用をサポートしており、保存されるデータは全て暗号化される。

□スケーリング

Cloud Pub/Subは負荷に応じて自動スケーリングするため、利用者がスケーラビリティーを考慮する必要はない。

□可用性・耐障害性

Cloud Pub/Subは世界中にあるGoogle Cloudのデータセンターで分散処理されており、SLAは月間稼働率99.95％と設定されている。なおゾーンリソースであるPub/Sub LiteのSLAは月間稼働率99.5％と設計されている。

7-4 Cloud Dataflow

Cloud DataflowはApache Beamの実行環境であり、バッチ／ストリーミングのどちらにも対応可能なデータ処理パイプラインサービスである。データ処理パイプラインとは、入力ソースとしてデータを読み込ませ、データ変換処理を実施し、変換後のデータを指定した場所に格納するまでの一連のオペレーションを意味している。Cloud Dataflowでパイプラインを実行すると、ユーザー管理のVPC上にCompute Engineが起動し、ワーカーノードとしてパイプラインを処理する仕組みだ。

他のGoogle Cloudサービスとも連携しやすく、Cloud Storage上のデータに変換を加えてBigQueryに出力したり、Cloud Pub/Subで受け取ったストリーミングデータを整形してBigQueryに出力したりと、ETLの文脈で利用されることが多い。

7-4-1 テンプレートの使用

Cloud Dataflowでは一度定義したパイプラインの共有や再利用のために、テンプレートとしてパイプラインをパッケージ化することが可能である。テンプレートはユーザーが作成するテンプレートの他に、Googleが提供するテンプレートも存在する。

ユーザーが作成するテンプレートにはCloud Storage上に保存する「クラシックテンプレート」と、Google Container Registry上にDockerイメージとして保存する「Flexテンプレート」の2種類が存在する。クラシックテンプレートはCloud StorageやBigQueryといったデータの入出力先をテンプレート内に定義する必要があり、同じような変換処理でもデータの入出力先が異なれば別のテンプレートを作成する必要がある。一方のFlexテンプレートはデータの入出力先をパイプライン実行時に動的に指定でき、1つのテンプレートを利用して様々なパイプライン構築が可能なため、今後はFlexテンプレートの利用を推奨する。

▌7-4-2　Dataflow Prime

　Dataflow PrimeはDataflow Runner v2という新しいアーキテクチャーを採用した次世代のCloud Dataflowである。本書執筆時点ではプレビュー版であるが、従来のCloud Dataflowが抱える問題を解決する多くの新機能を備えており、今後はDataflow Primeの利用が増えていくと想定される。

　主な新機能の1つに「Right Fitting」がある。Right Fittingはパイプライン中の各処理ごとにワーカーノードをカスタマイズする機能である。従来のCloud Dataflowでは1つのパイプラインで使用できるワーカーノードは1種類のみという制約があったため、低スペックのワーカーノードで十分対応できる処理と、GPUを必要とする画像変換処理などが混在するパイプラインでは、全てのワーカーノードにGPUが搭載されるため余計なコストが発生していた。Right Fittingを利用すると、画像変換処理にはGPUを搭載したワーカーノードを使用しつつ、その他の処理にはスペックの低いワーカーノードを利用できるため、余計なコストの発生を抑制できる。

▌7-4-3　Cloud Dataflowの基本機能

アクセス制御

　Cloud DataflowはCloud IAMを利用したプロジェクトレベルのアクセス制御をサポートしている。またCloud DataflowのワーカーノードはVPC上に作成されるため、Compute Engineインスタンスと同様のネットワークセキュリティー対応が可能だ。

　Cloud Dataflowのワーカーノードには外部IPアドレスがデフォルトでアタッチされるため、インターネットへの通信が不要な場合には外部IPアドレスを無効化し、Google Cloudの各APIエンドポイントにはPrivate Google AccessやPrivate Service Connectを利用したアクセスを行うこ

7

173

とを推奨する。

□バックアップ

スナップショット機能を利用することで、ある時点のパイプライン
ジョブの状態を保存できる。スナップショットからパイプラインジョブ
を復元することで、スナップショットを取得した時点の状態からスト
リーミングジョブを再開できる。

□暗号化

Cloud Dataflowは顧客管理の暗号鍵（CMEK）を利用したデータ暗号
化とCloud HSMを利用したデータ暗号化をサポートしている。Cloud
Dataflowパイプラインがデータソースから受け取ったデータは一部を除
き全て暗号化され、またパイプライン処理中に生成される一時データお
よび一時データが格納される永続ディスク、Cloud Storageバケットなど
も全て暗号化される。

□スケーリング

Cloud Dataflowはパイプラインを高速かつ効率的に完了させるため
に、データを分割し複数のワーカーノードで並列分散処理を行う。自動
チューニング機能も充実しており、水平方向の自動スケーリングや動的
作業再調整機能がサポートされているため、パイプラインの実行中に利
用者はスケーリングを意識する必要はない。ただし、水平自動スケーリ
ングは起動したワーカーノードの分だけ課金されるため、コストを抑え
る場合はワーカーノードの最大起動数を指定することを推奨する。

□可用性・耐障害性

Cloud Dataflowでは自動ゾーンプレースメント機能がデフォルトで利
用されており、パイプラインジョブの作成に利用可能なゾーンにリソー
スが自動配置されるため、ゾーン障害が発生した場合でも正常なゾーン
が自動的に選択される。ただし、ジョブ実行中にゾーン障害が発生した

際にはジョブが失敗する可能性がある。

7

7-5　Cloud Dataproc

　Cloud DataprocはApache Hadoop／Sparkなどのオープンソース分散処理フレームワークをホストするマネージドサービスだ。Cloud Dataprocの魅力は必要なサイズのHadoop／Sparkクラスタを簡単、高速、安価に手に入れることができる点である。クラスタの作成はCloud Consoleの操作のみで行うことができ、数分から数十分でHadoop／Sparkクラスタが利用できる状態になる。

7-5-1　コンピューティングリソースとストレージリソース

　Cloud DataprocはコンピューティングリソースにCompute Engine、ストレージリソースにCloud Storageを利用しており、コンピューティングとストレージの各リソースを分離したアーキテクチャーを採用している。リソースが分離されることでそれぞれ独立したライフサイクル管理が可能となり、データはCloud Storage上に保存しつつ、処理を行う時だけコンピューティングリソースを起動することで費用を大幅に削減できる。

　コンピューティングリソースには管理系プロセスが起動する「マスターノード」と、処理系プロセスが起動する「プライマリワーカーノード」「セカンダリワーカーノード」の3種類のインスタンスが存在する。標準的なクラスタではマスターノードが1つ、ワーカーノードが2つ以上必要であり、セカンダリワーカーノードは処理性能を高めるためにオプションで追加できる。

　セカンダリワーカーノードにはプリエンプティブルVMを利用できるため、有効活用することでコスト削減を実現できる。プリエンプティブルVMはスポットVMに切り替わる予定だが、本書執筆時点ではCloud DataprocはプリエンプティブルVMの利用をサポートしている。クラスタを占めるプリエンプティブルVMの割合が高くなるとジョブ失敗など

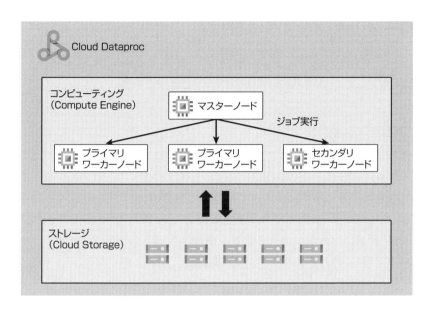

図表7-8　Cloud Dataprocの基本概念

の問題が発生する可能性が高まるため、プリエンプティブルVMは
フォールトトレラントなジョブのみに利用し、全セカンダリワーカー
ノードに占める割合を50%未満に抑えることを推奨する。

　ストレージリソースを担うCloud StorageはHadoop互換ファイルシス
テム（HCFS）であり、ワーカーノード上のHDFSに転送することなく
直接Hadoop／Sparkジョブからアクセスできる（**図表7-8**）。

▎7-5-2　クラスタの自動削除

　Cloud Dataprocはクラスタを自動削除する機能を備えており、一定時
間利用されていないクラスタや、作成から一定時間が経過したクラスタ
を自動で削除できる。前述の通りCloud Dataprocは高速にクラスタを作
成でき、データをCloud Storage上で永続化できるため、コスト削減のた
めに常時起動が不要なクラスタは自動削除機能を有効活用し、必要なタ

イミングで都度作成することを推奨する。

7-5-3　Cloud Dataprocの基本機能

□アクセス制御

Cloud IAMを利用したプロジェクトレベルのアクセス制御をサポートしている。またCloud Dataprocのリソースレベルでアクセス制御を可能にするDataproc Granular IAMという機能もサポートしている。Dataproc Granular IAMを利用することで、クラスタ、ジョブ、オペレーション、ワークフローテンプレート、オートスケーリングポリシーの各レベルに対して細かなアクセス制御を行うことができる。

□暗号化

Cloud DataprocはGoogle管理のデフォルト暗号鍵と顧客管理の暗号鍵（CMEK）をサポートしており、クラスタ内のインスタンスに関連付くPersistent DiskやCloud Storage上のデータは暗号化される。

□スケーリング

Cloud Dataprocはオートスケーリング機能を備えており、YARNメモリーの指標に応じたワーカーノードのスケールアウトおよびスケールインが可能である。オートスケールは処理能力のスケールを目的としているため、スケールの対象はセカンダリノードを指定することが推奨されている。オートスケーリング機能はワーカーノード数の最大値や最小値、発動頻度などを記載したオートスケーリングポリシーを事前に作成し、クラスタに適用することで有効化される。

□可用性・耐障害性

標準クラスタではマスターノードは1台構成となっているが、高可用性モードを利用することでマスターノードが3台のクラスタを作成でき

る。マスターノードを冗長化することで、インスタンスの単一ノード障害が発生しても処理が中断しないように設定できる。ただしCloud Dataprocクラスタを構成する全てのノードは同じゾーンに配置されるため、高可用性クラスタであってもゾーン障害が発生した際にはクラスタが利用できない可能性がある。

7

7-6　Cloud Composer

　Cloud ComposerはApache Airflowベースのワークフローオーケスト
レーションサービスである。 BigQueryやCloud DataflowなどのGoogle
Cloudサービスとの連携だけでなく、オンプレミス環境や他のパブリッ
ククラウド上のワークロードも管理できる。

　Cloud Composerはユーザー管理のVPC上に作成されるGKEクラスタ
とDAGを格納するCloud Storage、 Google管理のプロジェクト上に作成
されるApp Engine（FE版）とCloud SQLで構成されている。 Cloud
Composerには標準モードのGKEクラスタで稼働するCloud Composer 1
と、 AutopilotモードのGKEクラスタで稼働するCloud Composer 2とい
う2つのメジャーバージョンが存在する。 Cloud Composer 2は本書執筆
時点ではプレビュー版であるため、本書ではCloud Composer 1を中心に
解説する。

7-6-1　DAGの管理

　Cloud Composerではデータ処理のワークフローをDAG（有向非巡回

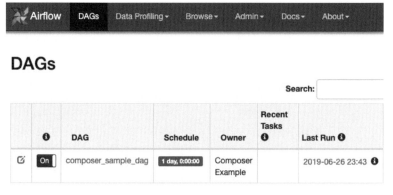

図表7-9　Cloud Composerウェブインターフェース

グラフ）として定義し、データ取り込みや変換など一連するタスクの実行タイミング、順序、依存関係などを管理している。Airflowの操作にはウェブインターフェースとCLIが利用できるが、各処理の順序やステータス、実行ログなどを視覚的に確認しながら操作できるウェブインターフェースの利用が便利である（**図表7-9**）。DAGはPythonスクリプトで記載する必要があり、ウェブインターフェースを使用したワークフロー作成などはサポートしていない。

7-6-2　バージョン管理とバージョンアップ対応

Cloud Composerはバージョンアップが頻繁に行われており、サポートされる期間や世代数も明確に決まっているため、バージョンの管理とバージョンアップ対応が重要である。Cloud ComposerのバージョンはCloud Composerイメージバージョンとして管理されており、Cloud Composer自体のバージョンとAirflowのリリースバージョンがそれぞれ記載されている（**図表7-10**）。

Cloud Composerバージョンはリリース日から12カ月間はサポート対象であるが、12カ月を過ぎるとセキュリティーに関する問題のみが通知され、18カ月を過ぎるとサポート対象外となる。

図表7-10　Cloud Composerイメージバージョン

　Airflowには Airflow1と Airflow2の2つのメジャーバージョンが存在し、
Airflow1は最新のリリースバージョンがサポート対象となる。 Airflow2
は2つのマイナーバージョンまでサポート対象となるが、各マイナーバー
ジョンでサポートするパッチバージョンは最新バージョンのみである。

　本書執筆時点ではプレビュー版の機能ではあるが、Cloud Composerに
はバージョンアップ機能が用意されており、 Cloud Composer イメージ
バージョン、もしくは Airflowのマイナー／パッチバージョンのバージョ
ンアップを行うことができる。なお、 Cloud Composer 1から Cloud
Composer 2へのアップグレードはサポートされていないため、別の方法
で環境を移行する必要がある。

7-6-3　Cloud Composerの基本機能

□アクセス制御

　Cloud Composer は Cloud IAMを利用したプロジェクトレベルのアク
セス制御のほかに、ウェブインターフェースに対する独自のユーザー、
ロール、権限でアクセスを制御する RBAC UIをサポートしている。
RBAC UIを利用すると DAGレベルでのアクセス制御ができるため、
ユーザーの役割に合わせて表示する DAGを厳密に制御できる。

□暗号化

　Cloud Composer は Google 管理のデフォルト暗号鍵と顧客管理の暗号
鍵（CMEK）をサポートしており、 Cloud Composer 環境で生成された
データはこれらの鍵を利用して暗号化される。

□スケーリング

　Cloud Composer 1はオートスケーリング機能をサポートしていないた
め、手動での対応が必要である。水平スケーリングは GKE クラスタの
ノード数を手動変更することで実現し、垂直スケーリングは Airflowデー

タベースをホストするCloud SQLインスタンスとAirflowウェブサーバー
のマシンタイプ変更で実現できる。

□可用性・耐障害性

　Cloud Composer 1はシングルゾーン構成でGKEクラスタが作成される
ため、ゾーン障害時には利用できない可能性がある。Cloud Composer 2
で利用するAutopilotモードのGKEクラスタはリージョナルリソースであ
るため、ゾーン障害時でもサービス継続が可能である。ゾーン障害を考
慮した可用性設計が求められる場合には、Cloud Composer 2の利用を検
討したい。

7

7-7　Cloud Data Fusion

　Cloud Data FusionはオープンソースのCDAPをベースとするフルマネージドのデータ統合プラットフォームサービスである。データの取り込み、ETL／ELT、ストリーミングを含むあらゆるデータ統合アクティビティを専用GUI（Cloud Data Fusion ウェブ UI）を利用して一元管理できる点が特徴的なサービスである。Google Cloudサービス以外にも、オンプレミス環境や他のパブリッククラウド上のデータソースへの接続もサポートしており、散在するデータを簡単に統合することが可能である（**図表7-11**）。

　Cloud Data Fusionでパイプライン処理を実行すると、一時的なリソースとしてCloud Dataprocクラスタが作成され、処理が終了すると自動的に削除される。パイプライン処理はMapReduce、Spark、Spark Streamingのいずれかのプログラムとして実行される。

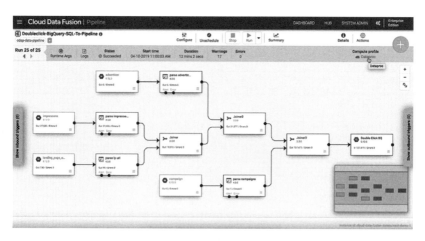

図表7-11　Cloud Data FusionウェブUI

7-7-1　データ統合機能

Cloud Data Fusionには200以上のデータソースと接続するためのコネクタが用意されている。バッチとストリーミングのデータ配信モードがサポートされているため、どちらのユースケースにも柔軟に対応できる。

7-7-2　リアルタイムレプリケーション

Cloud Data Fusionにはリアルタイムのデータ統合を実現する「リアルタイムレプリケーション」機能が存在し、SQL ServerやMySQLなどのRDBMSからBigQueryにリアルタイムでのデータ同期を可能にする。複数のデータソースに散在する最新データをリアルタイムでBigQuery上に取集できれば、RDBMSの利用だけでは難しかった最新データを使ったリアルタイム分析が簡単に実現できる。そのため、この機能はデータドリブンなビジネスには欠かせないリアルタイム分析、レポーティング、意思決定をサポートする機能ともいえる。

7-7-3　Cloud Data Fusionの基本機能

□アクセス制御

Cloud Data FusionはプロジェクトレベルのIAMアクセス制御をサポートしているほか、Enterpriseエディションの機能としてロールベースのアクセス制御（RBAC）をサポートしている。RBACを利用することでより詳細なアクセス制御を実現でき、誰がどのCloud Data Fusionリソースにアクセスできるか、ユーザーはリソースに対してどのような操作ができるかを詳細に管理できる。

□暗号化

Cloud Data FusionはGoogle管理のデフォルト暗号鍵と顧客管理の暗

号鍵（CMEK）をサポートしており、Cloud Data Fusionがサポートするストレージに保存される全てのデータが暗号化される。またCloud DLPと統合するためのプラグインが用意されており、データの入力ストリームから個人を特定できる情報（PII）を検知し、データのマスキングや暗号化を行うことができる。

□スケーリング

Cloud Data Fusionのスケーラビリティーは実行環境であるCloud Dataprocに依存している。

□可用性・耐障害性

Cloud Data Fusionインスタンスはシングルゾーン構成で作成されるため、ゾーン障害時には利用できない可能性がある。

7-8 Cloud Data Catalog

　Cloud Data Catalogはフルマネージドのメタデータ管理サービスである。データ活用を効率的に行うには、データを適切に管理し、いつでも必要なデータが使える状態になっていることが重要である。

　一方で企業のデータ活用が進むにつれて管理対象のデータアセットが増えるため、データの管理は難しくなる。Cloud Data Catalogを利用することで、Google Cloud上のデータをはじめ、オンプレミス環境や他のパブリッククラウド環境に存在するデータアセットについてもメタデータを一元管理することができ、データ管理の負荷を軽減できる。またCloud Data Catalogはデータ検索機能も有しており、Cloud ConsoleやAPIを利用したデータの検索やタグ付けが可能である。

7-8-1 メタデータの種類

　Cloud Data Catalogで管理できるメタデータは「テクニカルメタデータ」と「ビジネスメタデータ」に分類される。テクニカルメタデータはBigQuery、Cloud Pub/Sub、Dataproc Metastore、Cloud Storageなどのデータアセットから自動的に提供される情報を指し、データアセット名やID、タイムスタンプなどが含まれる。コネクタやData Catalog APIを利用することでCloud Cloud以外のデータアセットからテクニカルメタデータを取得することも可能である。ビジネスメタデータは「タグ」とも呼ばれ、ユーザー自身で付与できるメタデータを指す。

　タグを利用するには、事前に「タグテンプレート」を作成する必要がある。タグテンプレートはメタデータの名前や説明、データの型を定義した「フィールド」を複数含めることができるタグの定義書のようなものである。タグテンプレートは種類の異なる複数のデータアセットに適用できるため、Cloud Data Catalogで管理するデータアセットであれば共通のメタデータを付与・管理できる（**図表7-12**）。またIAMを利用し

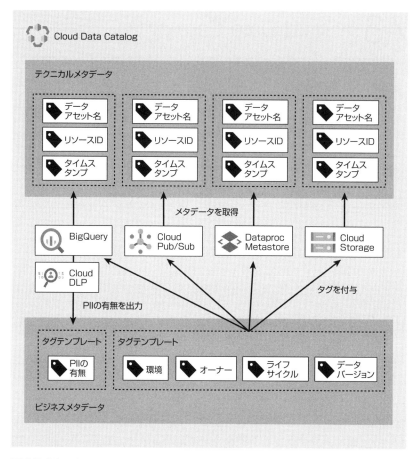

図表7-12　Cloud Data Catalogの基本概念

たテンプレートレベルでのアクセス制御もサポートしている。使用した
タグテンプレートのアクセス権限がタグにも継承されるため、特定のタ
グへのアクセスを一部のユーザーに限定するなどの用途に利用できる。

7-8-2　Cloud DLPとの統合

Cloud Data CatalogはCloud DLPと統合されており、BigQueryテーブ

ル上に個人を特定できる情報（PII）が格納されているか、格納されている場合はどの列に含まれるかを確認できる。この機能を利用することで、PIIを簡単かつ瞬時に検知、把握でき、PIIに対する迅速な対応を可能にする。

7

7-9　Cloud Dataprep

　Cloud Dataprepは探索的なデータ探索、加工、ロードを可能にするデータプレパレーションサービスである。直感的なGUI操作のみでデータの探索、加工を行うことができるため、コーディングスキルがない人でもデータのクレンジング作業を簡単に行うことができる。

　Cloud Dataprepは変換対象のソースデータセット、レシピ、ロード先のデータセットをGUI上で配置し、一連の処理フローを定義した「フロー」を作成する（**図表7-13**）。「レシピ」とはデータ変換処理を定義したもので、GUI上でデータ変換の処理内容や順序を指定することで簡単に作成できる（**図表7-14**）。

7-9-1　Cloud Dataprepの実行環境

　Cloud Dataprepは米Trifactaが提供するGUIベースのプレパレーションツールであるが、データ変換を行う処理エンジンはCloud Dataflow、Trifacta Photon（Trifactaが独自開発したインメモリー型のジョブ実行環境）、BigQueryが利用されている。デフォルトではCloud Dataflowが利用されるが、データの総量が1GB以下の小〜中規模処理にはPhotonの使用を推奨する。

　BigQueryについてはSQL変換が可能な場合にのみ利用され、データ変換にCloud DataflowとBigQueryのどちらを利用するかはCloud Dataprepが自動的に選択する仕組みになっている。Cloud Dataprepがデータサイズに依存することなくデータ変換処理を実行できるのは、これらのサービスのスケーラビリティーの恩恵を受けているためである。

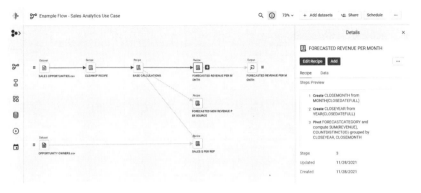

図表7-13　Cloud Dataprepフローの定義

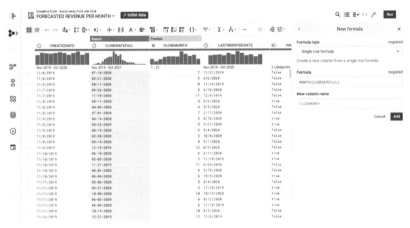

図表7-14　Cloud Dataprepレシピ

7-9-2　Starter EditionとProfessional Edition

　Cloud DataprepにはStarter EditionとProfessional Editionの2つのプランが用意されており、はじめの30日間は無料で利用できる。それぞれのプランで違いは次の通りである（**図表7-15**）。

7

図表7-15　Cloud Dataprepのプラン

	Starter Edition	Professional Edition
予測型データ変換機能	○	○
コラボレーションと共有	○	○
Cloud Storage、BigQuery、Google Sheets、ファイルへの接続	○	○
データプロファイリング	○	○
適応型データ品質	×	○
ユニバーサルデータコネクティビティ	×	○
データパイプラインのスケジューリングとオーケストレーション	×	○
カスタマーサクセス	×	○

▎7-9-3　ユニバーサルデータコネクティビティ

　Cloud Dataprepはソースのデータセットとして Cloud Storage、BigQuery、Google Sheets、ローカルファイルがデフォルトでサポートされている。これに加え、Professional Editionの機能であるユニバーサルデータコネクティビティを利用することで、多様なデータセットをソースデータとして利用できる。ユニバーサルデータコネクティビティがサポートするデータソースの例には次のものがある。

・Google Cloud（Cloud Spanner、Cloud Data Catalog）
・AWS（Aurora、Athena、DynamoDB、RedShift、S3）
・RDBMS（PostgreSQL、MySQL、SAP HANA、Teradata）
・ビッグデータ＆NoSQL（MongoDB、GraphQL、Snowflake）

・マーケティングツール（Google Analytics、Hubspot）
・コラボレーションツール（Slack、Kintone、Active Directory）
・CRM&ERP（Salesforce、ServiceNow）

　これ以外にも多くのコネクタが用意されており、Google Cloudの公式ドキュメント（https://www.trifacta.com/integrations/）で一覧できる。

7

第 **8** 章

機械学習

8-1 機械学習サービスの種類と使い分け

　Google検索やGmailといったGoogleサービスの内部では、大量のデータを基にソフトウエアに知的な振る舞いをさせる「AI／機械学習（Machine Learning、ML）」を活用している。GoogleはAI／MLを活用したシステムの開発と運用で世界最大の実績を誇る企業だといえる。

　そのGoogle自身が長年にわたってAI／MLシステムを運用し続ける中で課題に直面し、解決のために生み出してきたノウハウを利用できるのが、Google Cloudの機械学習サービスである。企業が中核ビジネスにAI／MLを活用したシステムを継続的に運用していくことに取り組むのであれば、最適な選択肢であるといえる。

8-1-1 機械学習サービスの種類

　Google Cloudの機械学習サービスは、MLモデルを利用／開発するための機能群である「AIビルディングブロック」と、統合プラットフォームである「Vertex AI」の2種類に大別される（**図表8-1**）。前者はさらに、

図表8-1　機械学習サービスの種類

サービス分類		概要
AI ビルディングブロック		機械学習（ML）モデルを簡単に利用あるいは開発できる機能
	学習済みAPI	Googleによる事前学習済みのMLモデルをそのまま利用するAPI
	AutoML	Googleによる事前学習済みモデルを土台に、ユーザーのカスタムモデルを開発する機能。ユーザーのデータを学習データとして入力することで自動的にカスタムMLモデルを開発する
Vertex AI		カスタムMLモデルの開発・運用（MLOps）を助ける統合プラットフォーム。MLライフサイクルの各工程をサポートする機能群から成り、学習工程では独自のプログラムコードによる学習か、統合されたAutoMLの機能による学習かを選択できる。その他、BigQueryなどGoogle Cloudの各種サービスとも統合されている

事前学習済みのMLモデルを利用する「学習済みAPI」と、ユーザー固有のカスタムMLモデルを開発する「AutoML」の2種類に分かれる。

　AIビルディングブロックは、「言語処理」「視覚処理」のように、対象にするタスクの種類によって整理することもできる。言語や画像のような非構造化データを対象とした製品と、構造化データを対象とした製品とに大別される（**図表8-2**）。

	非構造化データ			構造化データ
	言語処理	音声処理	視覚処理	
学習済み API	Natural Language API Translation API	Speech-to-Text API Text-to-Speech API	Vision API Video Intelligence API	Inference API Recommendations AI
AutoML	AutoML Natural Language AutoML Translation		AutoML Vision AutoML Video Intelligence	AutoML Tables

図表8-2　AIビルディングブロックの種類

　なお、本書執筆時点ではMLモデル開発の統合プラットフォームである「AI Platform」も提供されているが、本書では割愛する。

▌8-1-2　機械学習サービスの使い分け

　主要な機械学習サービスの使い分けに関してフローチャートに整理する（**図表8-3**）。

(1) 特定領域のデータまたはカスタムタスク

　処理したい対象が「特定領域のデータ（世間一般に広く流通しているものとは違う、自社業務特有のデータなど）」であるか、あるいは処理タスクそのものをカスタマイズして作り込みたいという要件がある場合

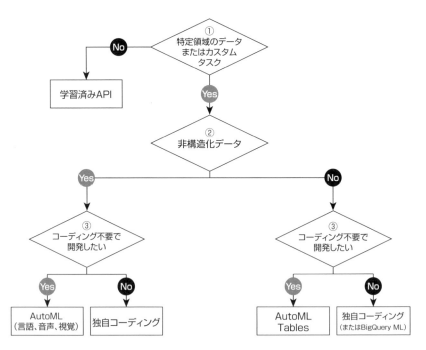

図表8-3　機械学習サービスの選択フロー

以外は、まずは「学習済みAPI」を試してみるとよい。膨大なデータセットを使ってGoogleがチューニングを続けているMLモデルを簡単に活用できる。

　一方、例えば自社特有の設備の外観写真から不良を検知するといった「特定領域のデータの処理タスク」や、商品画像を自社特有のカテゴリーに分類したいといった「タスクそのもののカスタマイズ要件がある」場合は、汎用的な学習済みモデルでは対応できないためカスタムMLモデルを開発する必要がある。

(2) 非構造化データ

　カスタムMLモデルを作成したい対象が、画像や音声などの非構造化データの処理タスクか、構造化データからの予測や分類などのタスクかによって、選択肢となる製品が分かれる。

(3) コーディング不要で開発

　カスタムMLモデルを作成する場合でも、分類などのいくつかのタスクについては、コーディングせずにMLモデルを開発する「AutoML」を利用できる。一方、タスク自体をカスタムしたい場合や、モデルをユーザー自身で高度にチューニングしたい場合は、独自コーディングをする必要がある（MLモデルのコーディングには、TensorFlowなどの各種フレームワークを活用できる）。なお、構造化データの場合は、第7章で紹介した「BigQuery ML」を使ってSQLクエリーのコーディングだけでカスタムMLモデルを開発することもできる。

　Vertex AIはカスタムMLモデルの開発・運用のサイクル全体をサポートする統合プラットフォームであり、開発方法としてはAutoML、独自コーディングのいずれでも活用できる。

8

8-2　学習済みAPI

　学習済みAPIは、Google Cloud自身によって開発・運用されているML
モデルを使用できる APIサービスである。実行したい処理とその対象
データ（テキストや画像など）を入力してAPIを呼び出すと、 Googleに
よって事前に学習されたML モデルによって処理が実行され、結果が
JSON形式で出力される。ユーザーはその処理結果を利用して自分のア
プリケーションに知的な振る舞いを組み込むことができる。学習済み
APIの利用にあたってデータサイエンスや機械学習の知識は不要である。
　8-2では学習済みAPIに共通する基本的な使い方を解説し、各APIの機
能を紹介する。

8-2-1　学習済みAPIの基本的な使い方

□試用

　学習済み APIはGoogle Cloudの公式サイトの製品紹介ページで簡単に
試用できる。どんな処理を実行できるのかを理解するために、まずはサ
ンプルデータを用意してML モデルによる処理を実行してみるとよいだ
ろう。

□認証とアクセス制御

　APIを使用するクライアント（ユーザーのプログラム）の認証には、
サービスアカウントを使用することが推奨されている。

□APIの呼び出し

　学習済み APIにはREST と gRPCのインターフェースが用意されてお
り、直接HTTPリクエストを送るかクライアントライブラリ（C#、GO、
Java、Node.js、PHP、Python、Ruby）でユーザーのプログラムから呼

び出して使用する。また、Cloud SDKのgcloudコマンドラインツールから呼び出すこともできる。テキストや画像、音声などの処理対象データは、 Cloud Storageに格納したファイルやHTTP（S）でアクセス可能なファイルのURLを指定してAPIに渡すことができる。

Googleは学習済みAPIのMLモデルを改良し続けており、 API仕様がバージョンアップによって変更されることもある。詳細な仕様についてはGoogle Cloudの各製品の公式ドキュメントを参照してほしい。ここからは各APIの機能を紹介していく。

8-2-2 Cloud Natural Language API

Cloud Natural Language APIはテキストデータの構造と意味を解析する。構文解析のような自然言語処理の基礎となる機能から、エンティティー分析やテキスト分類といった実用的な機能までが用意されている（**図表8-4**）。機能によってサポートされている言語は異なる。サポート

図表8-4 Cloud Natural Language APIの機能一覧

機能	説明
構文解析	テキストの言語情報を抽出し、一連の文とトークン（単語）に分解する。入力として与えたテキストに対して、解析済みの構造化された言語情報データ（形態素、Part Of Speechタグ、単語間の依存関係ツリーなど）を出力する
エンティティー分析	テキストからエンティティー（普通名詞または固有名詞）を抽出する。エンティティーの名称、種類、知識リポジトリのソース情報、テキスト全体に対する重要度、テキスト内での位置を出力する
感情分析	テキストを分析してその内容の感情的な方向性（-1.0:ネガティブ～1.0:ポジティブ）と、その感情の強度（0.0～）を数値化して出力する
エンティティー感情分析	エンティティー分析と感情分析の組み合わせ。テキスト内でエンティティーについて表現された感情のポジティブ／ネガティブを判定する
コンテンツの分類	テキストがどんなカテゴリーに所属するかを判定する。コンテンツカテゴリーの名称（https://cloud.google.com/natural-language/docs/categories）と、その判定の信頼度を出力する

対象は随時アップデートされているので、最新の対応状況はGoogle Cloudの公式ドキュメントを参照してほしい。

8-2-3　Cloud Translation API

Cloud Translation APIはニューラル機械翻訳（NMT）モデルを使ってテキストデータを異なる言語に翻訳する。100以上の言語と方言に対応しており、ソース言語（翻訳元の言語）が未指定でもAPIが自動的に言語を検出してターゲット言語（翻訳先の言語）に翻訳できる。

本書執筆時点ではBasic（v2）とAdvanced（v3）の2つのエディションが用意されており、Advancedでは実行できる処理が増えている（**図表8-5**）。新規に利用する場合はAdvancedを使用するとよい。

図表8-5　Translation APIの2つのエディション

機能	Basic	Advanced
言語の検出	○	○
NMTモデルを使用した翻訳	○	○
AutoMLモデルの使用	×	○
ドキュメントの翻訳	×	○
用語集	×	○
Cloud Storageを使用した一括翻訳	×	○
監査ロギング	×	○

（出所:Google Cloudの公式ドキュメントより一部抜粋、https://cloud.google.com/translate/docs/editions ）

8-2-4 Cloud Speech-to-Text API

Cloud Speech-to-Text APIは音声データをテキストデータに変換する。125以上の言語と方言に対応しており、電話における「通話」や複数話者が存在する「動画」、短い「コマンドと検索」といった、対象とする音声データに合ったMLモデルを選択できる。

認識方法としては同期・非同期・ストリーミングの3種類がある（**図表8-6**）。コンタクトセンターの音声データをまとめて文字起こししたり、リアルタイムな音声操作を実装したりと、さまざまなユースケースで活用できる。

Speech-to-Text APIでは、デフォルトではデータがGoogleに記録されることはない。データロギングのオプトインに関する規約に同意してロギングを有効にすると、データがGoogleによるサービス改善に利用されるようになり、割引料金が適用される。

8-2-5 Cloud Text-to-Speech API

Cloud Text-to-Speech APIはテキストデータを音声データに変換する。日本語を含む40以上の言語と方言に対応しており、220種類以上の音声（男性／女性の声）で読み上げることができる。

図表8-6 Cloud Speech-to-Text APIの機能一覧

機能	説明	API
同期認識	音声データをAPIに送信すると、全ての音声が処理されてから結果が返される。音声データは1分以内に制限される	REST、gRPC
非同期認識	音声データをAPIに送信すると、認識結果を定期的にポーリングできる。音声データは480分以内に制限される	REST、gRPC
ストリーミング認識	双方向ストリーム内に存在する音声データの認識を行う。マイクからのライブ音声のキャプチャなど、リアルタイムな認識を目的とする	gRPC

　生成できる音声には「標準」と「WaveNet」の2通りがある。後者は米DeepMindによって開発された音声合成技術によるものであり、標準に比べて割高となるが、より自然な発話を合成できる。

　「カスタム音声」の機能が提供されており、ユーザーが用意した学習用音声データを基に、独自の人物の音声を合成することもできる。学習用の音声データにはスタジオ収録レベルの高い品質が求められる。

図表8-7　Cloud Vision APIの機能一覧

機能	説明
顔検出	画像に写っている人の顔を検出し、情報を取得する（個人を特定することはできない）。顔に当たる座標領域や重要な顔のパーツ（目／鼻／口など）の位置、その人物の感情状態の予測（喜び、怒り、驚きなど）を出力する
ランドマーク検出	よく知られている自然の、あるいは人工のランドマークを検出する
ロゴ検出	一般的な商品ロゴや企業ロゴを検出する
ラベル検出	画像に写っているモノ（エンティティー）を説明する「ラベル」を検出する。ラベル名ごとに検出の信頼度（0.0〜1.0）も出力される
テキスト検出	OCRによって、画像内のテキストや手書き文字を検出する
ドキュメント テキスト検出	OCRによって、PDF／TIFFなどのドキュメントファイル内のテキストや手書き文字を検出する
画像プロパティ検出	画像のドミナントカラー（全体の印象を左右する色）と、総ピクセルに対するパーセント値を取得する
オブジェクト検出	画像に写っている複数のオブジェクトを検出し、そのラベルと位置情報を出力する
クロップヒント検出	画像に写っている主な物体や顔などを切り抜くクロップ領域の推奨座標を出力する
ウェブエンティティーとページの検出	画像が含むエンティティーのID、画像を含むウェブページ、類似する画像のURLなどを取得する
不適切なコンテンツの検出	画像が安全でない、または望ましくない可能性のある内容が含まれているかどうかを判定する。「adult」「spoof」「medical」「violence」「racy」のカテゴリー別に評価され、可能性レベルと共に出力される

8-2-6　Cloud Vision API

　Cloud Vision APIは画像データを解析して情報の抽出や分類を行う（**図表8-7**）。検出機能の戻り値として、検出した物体の画像内での位置情報（バウンディングボックスの座標値）を返すため、これを使って目的の物体を画像から抽出することもできる。Vision APIで実行できるタスクの種類は、後述するAutoML Visionよりも多様である。

8-2-7　Cloud Video Intelligence API

　Cloud Video Intelligence APIは動画コンテンツを解析して情報の抽出

図表8-8　Cloud Video Intelligence APIの機能一覧

機能	説明
オブジェクトトラッキング	動画に写っている複数のエンティティーを追跡し、そのラベルとオブジェクトの位置情報を出力する
ラベル検出	動画に写っているエンティティーを識別し、ラベルを出力する。オブジェクトトラッキングとは異なり、フレーム全体に対してラベルを付与し、位置情報は出力されない
人の検出	動画に写っている人の存在を検出し、その位置情報を出力する
顔検出	動画に写っている人物の顔を検出し、情報を取得する
ロゴ検出	一般的な商品ロゴや企業ロゴを検出する
テキスト検出	OCRによって、動画内のテキストや手書き文字を検出する
不適切なコンテンツの検出	動画に安全でない、または望ましくない可能性のある内容が含まれているかどうかを判定する
ショット変更の検出	ショット（1つのカメラで連続して撮影されたシーン）の切り替わりを検知する
音声文字変換	動画内の音声をテキストデータに変換する

8

や分類を行う（**図表8-8**）。カメラからの動画をインプットとするシステムの制御に利用したり、動画に対して情報を付加してコンテンツの価値を高めたりといったことができる。

8-3 AutoML

AutoMLは、ユーザーが独自のカスタムMLモデルを簡単に開発できるサービスである。8-2の学習済みAPIと同じように、言語処理や視覚処理といった目的タスク別の製品が用意されている。実行したいタスクに応じたAutoML製品を選択し、学習させたい対象のデータセットを入力すると、AutoMLが自動的にデータセットからMLモデルの学習と評価を実行し、カスタムMLモデルを生成する。ユーザーは生成されたMLモデルをデプロイすることで、APIとして利用できる。

AutoMLでは自動的とはいえMLの一連の工程を実行するが、データ学習アルゴリズムの高度な知識を備えたデータサイエンティストを従事させる必要は無い。生成されるMLモデルの精度は入力データセットの品質に依存するため、自社特有のタスクとそのデータに対する深い洞察を発揮できる社員がAutoMLを活用できるようにすることが望ましい。

8-3ではAutoMLに共通する基本的な使い方を解説し、各AutoML製品の機能を紹介する。

8-3-1 AutoMLの基本的な使い方

□サービス利用の流れ

AutoMLはデータセットからMLモデルを生成する工程を自動化するため非常に簡単に利用できる（**図表8-9**）。データ学習アルゴリズムやパラメーターのチューニングはAutoMLに任せることができ、精度を高めるためにユーザーが特に注力すべきは「①データセットの作成」である。対象とする業務についてできるだけ多く、偏りのないデータを収集し、AutoMLが適切な学習を実行できるように品質の高い正解情報をデータに付与する作業である。

①データセットの作成

AutoMLにデータをロードし、学習用データセットを作成する

製品によっては、ロードしたデータにGUIツールで正解ラベルの付与（アノテーション）を行うこともできる

②学習の実行

作成したデータセットを使ってMLモデルの学習（トレーニング）を行う。学習用データと評価用データの分割なども自動で行われる

評価結果を参照して学習を再実行し精度を高めることもできる

③モデルのデプロイ

生成されたMLモデルをクラウド上のコンピューティングノードにデプロイし、予測を実行できるようにする

製品によってはMLモデルをエクスポートしてEdge（端末）上にデプロイすることもできる

④予測の実行

MLモデルを使って未知のデータに対する予測を実行する

個別のリクエストに対するオンライン予測と、大量データのバッチ予測が実行できる

GUIツール上で予測を実行することもできる

図表8-9　AutoMLのサービス利用の流れ

□ユーザーインターフェース

AutoMLの各製品は、Google CloudコンソールのGUIツールから利用できる。ツールの内容は製品によって異なるが、「データセット」の管理や加工、学習・評価を行う画面と、生成された「モデル」の管理やデプロイを行う画面が共通的に用意されている。

□データセットの作成

カスタムMLモデル作成のための学習データをAutoMLにインポートし、データセットとして登録する。インポートには、GUIで直接ローカル端末からファイルアップロードする方法と、あらかじめCloud Storageに保存してそのバケットを指定する方法がある。

登録されたデータセットはAutoMLのGUIツール上で管理され、データ自体や、その数量、ラベルの種類などの情報を参照できる。また、一部のAutoML製品ではGUI上で分類ラベルなどの正解データを付与（アノテーション）することもできる。

□学習と評価

データセットの準備ができたら、「トレーニング」タブでMLモデルの学習を実行する。AutoMLによって自動的にデータセットが学習用データと評価用データに分類され、MLモデルの学習と精度の評価が実行される。学習には時間を要するため、終了するとメールを受信できる。学習が終了すると、「評価」タブでMLモデルの精度の評価結果を適合率／再現率曲線、ROC曲線、混同行列で参照できる。学習結果のモデルを基に、再学習を実行することも可能だ。

□モデルのデプロイ、予測の実行

カスタムMLモデルの学習が終了すると、生成されたMLモデルが「モデル」画面の一覧に追加される。これを「デプロイ」すると、AutoMLが自動的に予測実行用のコンピューティングリソースを用意してMLモデルをデプロイし、予測を実行可能な状態になる。デプロイされたMLモデ

8

ルは学習済みAPIと同様にアプリケーションから呼び出して利用できるようになる。また、AutoMLのGUIツール上で利用することもできる。

ここからは、各AutoML製品の機能と、各製品でユーザーが用意する必要がある学習データの内容を簡単に紹介していく。

8-3-2　AutoML Natural Language

テキストデータを解析するカスタムMLモデルを作成する。Cloud Natural Language APIが提供している機能の一部と同じ機能に対応している（**図表8-10**）。テキストデータを自社独自のラベルで分類したい場合や、商品の満足度評価付けなどを独自のテキストデータから判定したい場合、自社独自のエンティティー（固有名詞）を含む文書を分析したい場合などに活用できる。

8-3-3　AutoML Translation

テキストデータを翻訳するカスタムMLモデルを作成する（**図表8-11**）。特定の業務ドメインに特化した専門用語や社内用語が含まれるなど専門性の高い文書の翻訳を実行したい場合に活用できる。学習に

図表8-10　AutoML Natural Languageの機能一覧と学習データ

機能	説明	学習データ
テキスト分類／ドキュメント分類	テキスト及びドキュメントを分類し、ラベルを付与する（単一ラベル／複数ラベル）	テキストデータとその分類先ラベル
感情分析	文章全体の感情的意見を分析し、ポジティブ／ネガティブを感情スコアによって判定する	テキストデータとその感情スコア数値（0から始まる連続した整数で、指定した最大値までの値）
エンティティー抽出	テキストからエンティティー（普通名詞または固有名詞）を抽出する	構造化したJSONL形式でエンティティーのアノテーションが付与されたテキストデータ

よって生成された翻訳MLモデルの翻訳品質を表すBLUEスコア
（BiLingual Evaluation Understudy）を参照できる。

8-3-4 AutoML Vision

　画像データを分析して情報の抽出や分類を行う（**図表8-12**）。独自の
商品カテゴリーなどのような自社特有のラベルで画像を分類したりオブ
ジェクトを検出したりしたい場合に用いることができる。

　AutoML Visionでは、Edge（端末）上で稼働する「AutoML Vision
Edge」という機能も用意されている。スマートフォンやスマート家電な
どのEdgeにMLモデルをデプロイすることで、予測実行時にクラウドとの
通信をする必要がなくなり高速にMLサービスを提供できるようになる。

　Edge用のMLモデルを生成するには、AutoMLのGUIツールでの学習
実行時に「Cloud hosted」ではなく「Edge」を選択する。生成された
MLモデルをTensorflow Liteなどの形式でエクスポートし、Edgeにモデ
ルを配置する。

図表8-11　AutoML Translationの機能と学習データ

機能	説明	学習データ
翻訳	テキストデータを別の言語に翻訳する	ソース言語（翻訳元）とターゲット言語（翻訳先）から成る、TSV形式の対訳テキストデータ

図表8-12　AutoML Visionの機能一覧と学習データ

機能	説明	学習データ
ラベル分類	画像を分類し、ラベルを付与する（単一ラベル／複数ラベル）	画像とその分類先ラベル
オブジェクト検出	画像に写っている複数のオブジェクトを検出し、そのラベルと位置情報を出力する	画像とそこに写っているオブジェクトのラベル、オブジェクトの座標情報

8-3-5　AutoML Video Intelligence

　動画コンテンツを解析して情報の抽出や分類を行う（**図表8-13**）。本書執筆時点ではプレビュー版の機能となっている。AutoML Visionと同様に、学習済みAPIで実行できるのと同じ分類・トラッキングのタスクを、ユーザー独自のデータ／ラベルで実行したい場合に用いる。

8-3-6　AutoML Tables

　ここまで紹介してきた非構造化データに対する製品とは異なり、構造化データ（関係データベースやスプレッドシートなどで扱われる、あらかじめデータ型が定義されテーブル状に整理されたデータ）に対するカスタムMLモデルを簡単に生成できる（**図表8-14**）。本書執筆時点ではプレビュー版の機能となっているAutoML Tablesでは、データの分類を予測する「分類」と、時系列のデータを予測する「回帰」の機能が提供されている。

図表8-13　AutoML Video Intelligenceの機能一覧と学習データ

機能	説明	学習データ
ラベル分類	動画を分類し、ラベルを付与する(単一ラベル／複数ラベル)	動画とその分類先ラベル
オブジェクトトラッキング	動画に写っている複数のエンティティーを追跡し、そのラベルとオブジェクトの位置情報を出力する	動画とそこに写っているオブジェクトのラベル、オブジェクトの座標情報

図表8-14　AutoML Tablesの機能一覧と学習データ

機能	説明	学習データ
分類	データの分類（カテゴリー）を予測する	予測の入力値となる説明変数のデータ列と、予測の出力値となるターゲットのデータ列から成るテーブル上のデータ
回帰	時系列に変化する値を予測する	時系列データ

8-4　Vertex AI

　Vertex AIは、ユーザーが効率的にMLモデルを開発・運用するための統合プラットフォームサービスである。

　MLの分野ではデータサイエンティストが独自コードで優れたMLモデルを開発する工程に注目が集まりがちだが、これはMLライフサイクル全体の5％未満でしかないといわれている。実際にはデータの収集や検証、学習用インフラの構築、学習ジョブの管理など、実施すべき工程は多岐にわたり、その品質や対応スピードがMLシステム全体の出来を左右する。

　さらに、対象とするデータが変化することが多いため（例えば消費者の嗜好は絶えず変わる）、MLモデルは1度学習すれば終わりではなく、最新のデータから学習し直す必要がある。つまり、MLライフサイクルでは多様な工程から成る開発のサイクルを繰り返す必要があり、それを効率的に運用し続けられるかどうかが本格活用できるかどうかの分かれ道となる。こうしたMLシステムの運用は、システム開発のDevOpsになぞらえて「MLOps」と呼ばれる。

　8-3で解説したAutoMLはMLモデル開発の1サイクルを効率化（大部分を自動化）できるが、それだけではML運用を効率化することはできない。MLOpsをサポートし、本番システムとして活用できるようにするために提供されているのが「Vertex AI」である。Vertex AIにはAutoMLが統合されており、モデル開発工程にはAutoMLを利用するか、独自コーディングするかを選択できる。開発するMLモデルの複雑さによらず活用すべき重要なサービスである。

　8-4ではVertex AIの全体像を解説し、MLの各工程をサポートする機能群を紹介する。

8

8-4-1　Vertex AI の全体像

　　Vertex AIはMLの工程をエンドツーエンドでサポートする統合プラットフォームであり、各工程に対応する機能群によって構成される。MLの工程に沿ってVertex AIの機能を紹介しよう。ここではMLの工程を「データ準備」「開発」「学習・評価・実行」「運用」に分ける。

　まずデータ準備の工程に関する機能は、学習用データセットを管理する「DataSets」、正解データの作成を支援する「Data Labeling Service」、特徴量データの管理を支援する「Feature Store」だ。このうち特にFeature Storeは、変化し続けるデータを効率的に管理してMLモデルを継続的に改良していくために重要である。

　開発の工程では、統合開発環境である「Workbench」を提供する。従来提供していたNotebook機能にGoogle Cloudの各種機能を統合したものだ。開発に必要なデータや機能に簡単にアクセスできる。

　続いては学習・評価・実行の工程だ。Vertex AIは、8-3で紹介したAutoMLを統合しており、学習・評価・実行の工程の大部分を自動的に実行する。AutoMLではなく独自コードでMLモデルを開発するケース向けには、学習から予測までの各工程を実行・管理するGUIツールを提供している。

　運用については、ワークフロー管理機能である「Pipelines」とメタデータ管理機能である「ML Metadata」を利用できる。どちらもMLの工程全体を管理して継続的な改善サイクルを回していく上で欠かせない「MLOps」の肝となるサービスだ。

　ここからは、これらの各機能を詳しく紹介していく。

8-4-2　DataSets

　DataSetsは学習用のデータセットを登録・管理する機能である。新規データセットの作成画面では、実行したいタスクのデータタイプごとに実行したいタスクを選択する（**図表8-15**）。選択できるデータタイプと

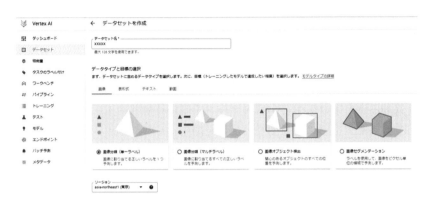

図表8-15　Vertex AIのデータセット新規作成画面（画像系データタイプの例）

目的タスクは、AutoMLの各製品と同様である。アップロードしたデータに対して正解データである「アノテーションセット」を作成・管理することもできる。

8-4-3　Data Labeling Service

　Data Labeling Serviceは、Googleにデータへの正解ラベル付けを依頼するサービスである。ユーザーがアップロードした画像、動画、テキストなどのデータに対して、分類結果のラベル名やオブジェクト位置などのアノテーションデータを付与してもらうことができる。依頼時には、データに対するラベル付けの仕方（ラベル付けの正例と負例の比較など）を説明した指示書のファイルを作成し、提示する。

　MLでは、目的とするタスクに対して正解データが高品質で付与された大量のデータを確保することが何よりも重要であり、学習用データのアノテーションには膨大なマンパワーを必要とする。これをサービスとして利用することで、MLの初期工程であるデータ準備を効率化できる。

8-4-4　Feature Store

　Feature StoreはMLに用いる特徴量（Feature）のデータを管理し、学習や予測を実行する環境に提供するサービスである。MLモデルの性能を高めるうえでは、生の学習用データを基に特定ドメインの業務知識などを生かしてさらに効果的な特徴量を開発する特徴量エンジニアリングが非常に重要である。しかし、この特徴量の運用にあたっては以下のような課題が生じることが多い。

・特徴量が開発者ごとに属人化し、共有・再利用されない
・リアルタイム予測を行う本番環境に見合った速度・品質で特徴量データを提供できない
・学習時に提供される特徴量と実行時に提供される特徴量にずれが生じる
　Feature Storeは、開発された特徴量を保管するリポジトリ機能を提供し、組織内での検索・共有・再利用を容易にする。また、予測（Prediction）機能に対して低レイテンシーで特徴量を提供するオンラインサービング機能を備えている。さらに、Feature Storeに取り込まれた特徴量の分布を監視して、学習時から本番実行までの間にデータに変化が生じる「ドリフト」をユーザーが把握するのをサポートする。
　こうした機能を活用することで、MLモデルの性能向上に重要な資源である特徴量の運用を効率化し、ML開発・運用のサイクルを加速できる。

8-4-5　Workbench

　Workbenchは機械学習の統合開発環境である。JupyterLabのノートブック機能をベースとしており、Google Cloudが管理する「マネージドノートブック」（本書執筆時点ではプレビュー版）とユーザー自身で細かく制御できる「ユーザー管理のノートブック」を選択できる。
　マネージドノートブックはCloud Storageと統合されており、ノートブックのUIの中でCloud Storage上の学習用データなどを確認できる。

また、BigQueryとも統合されており、BigQuery上のテーブルのデータを参照したり、クエリーを発行して処理結果を参照したりできる。「Executor」という機能でノートブック上に記述したMLコードを実行するジョブを作成することも可能だ。

8-4-6　Training、Model、End Point、Batch Prediction

□学習

MLモデルは、統合されているAutoMLを使用するか、独自に開発したコードに学習用のコンピューティングノードを割り当てて、学習ジョブを実行することで生成する。「トレーニング」画面では、この学習ジョブを管理できる。前述のWorkbenchで作成したノートブックの実行ジョブも、このトレーニング画面のカスタムジョブで管理される。

独自コードの学習においては、Google社内で機械学習の最適化のために開発されたVertex Vizierを使ってハイパーパラメーター（最適化アルゴリズム、学習率、正則化パラメーター、ディープニューラルネットワークの隠れ層の数など）を効率的にチューニングすることもできる。

□モデルの評価

学習ジョブが完了すると、「モデル」画面の一覧に生成されたモデルが表示される。各モデルを選択すると、モデルの評価結果を参照できる（図表8-16）。AutoMLと同様のROC曲線と混同行列、特徴量の影響度などを確認できる。

□モデルのデプロイ

モデル画面の「デプロイとテスト」で「エンドポイントへのデプロイ」を実行すると、生成したMLモデルをクラウド上のコンピューティングノードにデプロイしてエンドポイントを作成し、予測を実行できるよう

8

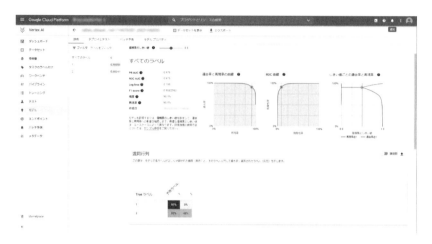

図表8-16　VertexAIのモデル評価画面

になる（Edge向けにMLモデルをエクスポートすることもできる）。エンドポイントの作成時には、アクセス方法を以下の2通りから指定できる。
・標準：REST APIで利用する。AutoMLモデルと独自コードモデルのいずれも指定できる
・プライベート：「プライベートサービスアクセス」を介して利用する。独自コードモデルとテーブル形式のモデルのみを指定できる

　デプロイの際にはモニタリングオプション（Continuous model monitoring）の有効／無効を選択する。これを有効にすると、デプロイされたモデルのパフォーマンスを継続的にモニタリングし、前述の特徴量のずれなどによるパフォーマンスの低下を検知してユーザーにアラートを送信できる。MLモデルの継続的運用を支える重要な機能である。
　モデルのデプロイが完了すると、「エンドポイント」画面に実行可能なエンドポイントとして表示される。また、「モデル」画面の「デプロイとテスト」で、予測を簡易的にテスト実行できる（**図表8-17**）。

□バッチ予測

図表8-17 モデルのテスト実行

　大量の入力データに対してバッチ処理で予測を実行できる。新規の
バッチ予測ジョブを作成し、ソースデータとしてCloud Storage上のファ
イルかBigQuery上のテーブルを指定する。予測結果の出力形式は
BigQueryテーブル、CSVファイル、JSONLファイルから選択する。

8-4-7　Test

　Vertex AIの「テスト」画面では、MLモデルのテストを可視化する
Vertex AI TensorBoardというツールを利用できる。この画面であらか
じめTensorBoardのマネージドインスタンスを起動しておき、カスタム
MLモデルの学習時にTensorBoardログをTensorBoardにアップロード
するように学習ジョブを設定することで、TensorBoardのGUIでMLモデ
ルの構造や学習状況をリアルタイムに可視化できる。

8-4-8　Pipelines、Metadata

　ここまで、データの準備から予測の実行までの各工程を実行する機能を紹介してきたが、この一連の工程をパイプライン（ワークフロー）として管理し、自動化や効率的な運用をサポートするのがVertex AI Pipelinesである。

　機械学習におけるパイプラインとは、ここまで見てきた「データの取得」や「データの前処理」「モデルの学習」「モデルのデプロイ」といった各工程をコンポーネント化し、その実行の流れを定義したものである。GoogleはVertex AIのローンチ以前からこのMLパイプラインを実装するフレームワークの開発・運用を進めており、Tensorflow ExtendedやKubeflowといったオープンソースソフトとして公開されて普及が進んでいる。Vertex AI Pipelinesではこれらのフレームワークで実装したMLパイプラインをマネージドサービスとして運用できる。

　Vertex AI PipelinesはML開発・運用工程全体の流れを定義し、各工程の処理をアプリケーションコンポーネント化して実行を制御する（**図表8-18**）。DatasetsやFeature Storeなど、各工程で使用するVertex AIの機能群と連携し、モデル監視によりパフォーマンスの変化を捉えて継続的なモデル改善のフィードバックを形成できる。

　また、MLシステム全体で利用されるメタデータやアーティファクト（データセットやモデル、ログなど）、ステップの実行などを自動的にトラッキングして管理する「Vertex ML Metadata」という機能も用意されている。この機能により、MLモデルの学習時に使用したデータが自動的に管理され、同様のデータによる学習の実行が容易になるだけではなく、コンプライアンスの観点からMLモデル作成に使われたデータを追跡することもできる。MLパイプラインにおけるガバナンスの確立には欠かせない機能となるだろう。

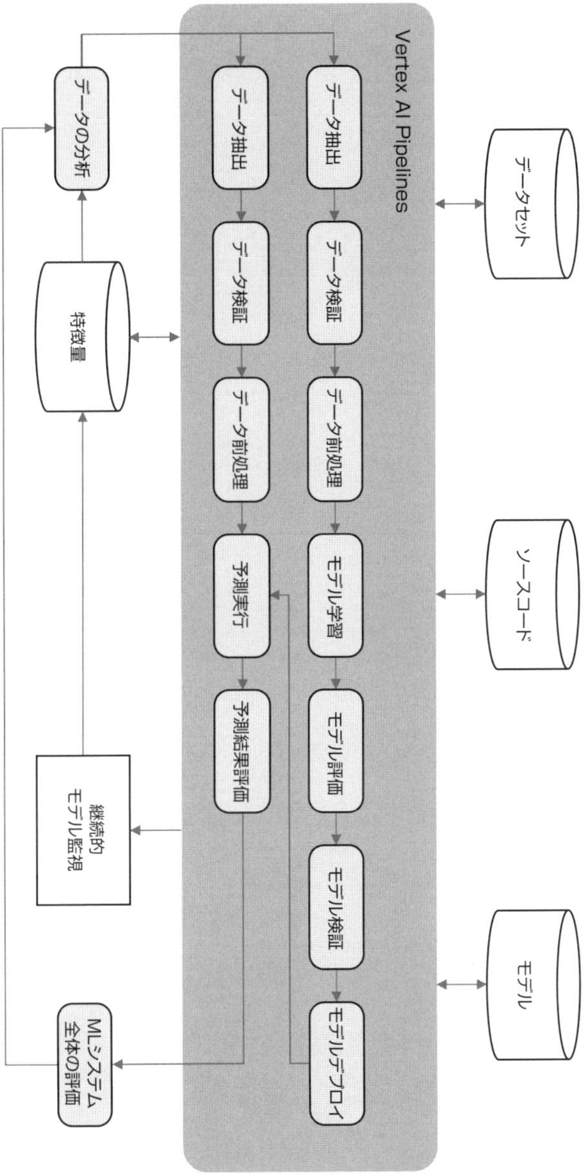

図表8-18 Vertex AIによるパイプラインと機能間の連携

第 9 章

IDとアクセス管理

9-1　リソース管理とIAMの概要

　Google Cloudを利用するには、仮想マシンなどのリソースを操作するために利用する「ユーザーID（アカウント）」、リソースを管理する単位である「プロジェクト」、請求情報を管理する「請求先アカウント」の3つの基本要素を用意する必要がある（**図表9-1**）。他のパブリッククラウドと異なる最大の特徴は、これら3つの基本要素が疎結合で自由に関連付け・解除を行える点だ。

　初めに用意する基本要素は「ユーザーID（アカウント）」であり、これはGmailやYouTube、Google Driveなどで利用しているGoogleアカウントをそのまま利用できる。Google Cloudの世界では1つのGoogleアカウントで複数のプロジェクトを管理できる点が大きな特徴である。

　Googleアカウントを用意したら、次に「プロジェクト」を作成する。プロジェクトは仮想マシンなどのリソースを管理する単位であり、自分のリソースと他のユーザーのリソースを論理的に分離する境界の役割を果たす。

　プロジェクトの分割単位は要件次第で最適解は異なるが、「リソース間の結合度」と「設定変更の影響分離」を意識して、システム・アプリケーションごと、かつ環境面（本番／開発など）ごとに分割することが一般的である。1つのプロジェクトに種々雑多なリソースをまとめると管理が煩雑になり、設定変更の影響範囲を分離できない。そのため1つの機能やシステム・アプリケーションを提供する結合度の強いリソースを1つのプロジェクトでまとめて管理し、かつ設定変更の影響を分離すべき環境面（本番／開発など）でプロジェクトを分割するという考え方である。

　プロジェクトが複数作成された場合でも、1つの「請求先アカウント」を複数のプロジェクトに関連付けることで請求は集約できる。請求書は請求先アカウント単位で発行され、「コストレポート」やコスト分析画面も請求先アカウント単位で提供されるため、コスト管理や請求処理を

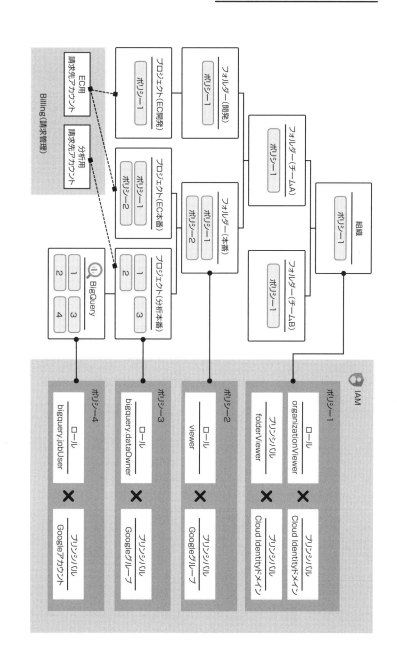

図表9-1　リソース管理とIAM・請求先アカウントの全体像

行う単位で請求先アカウントを作成することが一般的である。なお
Google Cloudのパートナー企業経由でGoogle Cloudを仕入れる場合には
請求先アカウントを意識する機会は少ない。

　第9章ではリソース管理の仕組み、IAMの管理方法、請求管理の方法
について解説する。

9-2 リソース管理

　Google Cloudは階層構造でリソース管理を行い、最上位概念の「組織 (Organization)」から「フォルダー」「プロジェクト」「各種リソース」 という順になっている。

　「組織 (Organization)」はGoogle Cloudのリソース管理の階層構造に おける最上位の概念である。組織を作成するには任意のドメインが必要 で、このドメインはGoogle WorkspaceやCloud Identityのドメインと1対 1で対応する。組織の作成は任意であり、組織に所属しないプロジェク ト単体でもGoogle Cloudは利用できるが、その場合はVPC Service Controlや組織ポリシーなどの組織階層で管理する機能は利用できない。 組織の利用を前提とする機能は多く存在し、また組織を利用すると複数 のプロジェクトを効率的に管理できるため、エンタープライズでGoogle Cloudを利用する際には組織の利用を推奨する。

　「フォルダー」は組織の配下に存在する権限管理に特化した中間階層 である。フォルダーの利用も任意であるが、後述する方法でプロジェク トの集約や権限管理を行うことで運用負荷の軽減が期待できるため、有 効活用することを推奨する。

　階層構造でリソース管理を行う目的は「環境の分離と集約」と「継承 を利用した権限管理」の2点である。例えば「本番ECサイト用のプロジェ クト」といった具合でシステム (アプリケーション)／環境面ごとにプ ロジェクトを「分離」することが推奨されるが、Google Cloudの利用が 進むと大量のプロジェクトが作成される可能性が高い。大量のプロジェ クトが秩序なく存在する状態はプロジェクト管理の負荷高騰につながる ため、チームや環境面など人間が管理しやすい単位でフォルダーを作成 し、複数プロジェクトを「集約」することが重要である。こうすること で視認性が良くなり、プロジェクト管理の負荷増大を抑止できる。

　フォルダーの利用は権限管理を効率化する目的もある。Google Cloud では組織やフォルダーなど上位階層で付与された権限は配下のフォル

9

ダーやプロジェクト、プロジェクト配下の各種リソースに全て継承される仕組みとなっている。そのため、同じ権限設計になるプロジェクトを1つのフォルダー配下に集約することで、プロジェクトごとに権限付与や管理を行う手間を省略できる。

　組織やフォルダーの階層で強い権限を付与する際には注意が必要で、上位階層で付与した強い権限も配下の全てのプロジェクトに継承されてしまうため、今後追加される可能性があるプロジェクトに対しても強力な権限が継承されても問題ないかどうかを十分に検討することを推奨する。

9-3 IAM

　Googleアカウントや後述するサービスアカウントを組織やフォルダー、プロジェクトと関連付けて利用するための仕組みがIAM（Identity and Access Management）である。IAMではGoogleアカウントやサービスアカウント、Googleグループ、Cloud Identityドメインなどを「プリンシパル」、権限のセットを「ロール」と呼び、プリンシパルとロールの関連付けを「ポリシー」として定義することで、誰に対してどの操作を許可するかを制御する仕組みとなっている（**図表9-2**）。

　ロールには1つ以上の「権限」がアタッチされており、例えばBigQueryのテーブルを作成する権限は「bigquery.tables.create」といった具合に定義するため、どのサービスのどのリソースに対して何の操作ができるかが分かりやすい。IAMを設計する上で重要なのは「最小権限

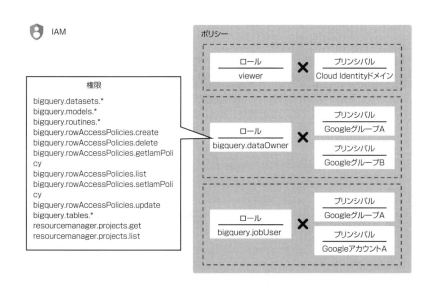

図表9-2　IAMの概念

229

の原則」に則ることである。最小権限の原則とは、必要最小限のロール（権限）を必要最小限のプリンシパルに付与することで、過剰な権限付与状態を作り込まないことだ。

9-3-1　Googleアカウント

Google アカウントには個人で管理する Google アカウントと、 Google Workspace（以下 Workspace）や Cloud Identity などのサービスで管理する Google アカウントの2種類が存在する。Workspace は Gmail や Google カレンダー、 Google Drive などを提供するコラボレーションツールであり、以前は G Suite のブランド名で提供されていた。 Cloud Identity は Workspace の ID 管理機能のみを提供する IDaaS（ID as a Service）である。

Workspace や Cloud Identity を利用することで、管理者による Google アカウントのライフサイクル管理（作成・停止・削除）が可能となる。例えばチームメンバーが離任する際には離任者の Google アカウントを削除

図表9-3　Googleアカウント

	個人で管理するGoogleアカウント	Workspace／Cloud Identityで 管理するGoogleアカウント
アカウントのライフサイクル管理	個人で管理	管理者で管理
パスワードポリシーの適用	×	○
2要素認証の強制	×※1	○
2要素認証方式の制限（物理キーのみを許可）	×	○
監査ログの取得	×※2	○
Access Context Managerの利用	×	○

※1 個人で発行するGoogleアカウントも2要素認証が必須化される予定
※2 セキュリティ関連のアクティビティーなど一部のみ利用可能

してしまえば、プロジェクトに対するIAM設定を変更し忘れたとしても離任者がプロジェクトにアクセス可能な状態が残ってしまうといった事態にはならない。

Workspace／Cloud Identityはセキュリティー関連の機能も充実している（**図表9-3**）。2要素認証の設定においては2要素認証の必須化に加えて、最も安全である物理キーを利用した認証方法のみに制限することも可能である。

そのほか、第10章で解説するAccess Context Managerを利用したアクセス元IPアドレスやデバイスの制御も可能である。Workspace／Cloud Identityについての詳細な解説は割愛するが、エンタープライズシステムでGoogle Cloudを利用する際には、Workspace／Cloud Identityで管理するGoogleアカウントの利用を強く推奨する。

9-3-2 サービスアカウント

サービスアカウントは主にプログラムが利用するアカウントである。Cloud Consoleを利用するためのパスワードは発行できず、Google Cloudの各種リソースや他のパブリッククラウド・オンプレミス環境で稼働するプログラムからGoogle Cloudのリソースを操作するなどの用途で利用される。サービスアカウントにはデフォルトサービスアカウント、Google管理のサービスアカウント、ユーザー管理のサービスアカウントの3種類が存在する。

デフォルトサービスアカウントはCompute EngineやApp Engineを利用することで自動的に作成されるサービスアカウントである。デフォルトサービスアカウントは多くの場合で最小権限の原則に反する過剰な権限付与状態となってしまい、またユーザー管理のサービスアカウントで代替できる場合が大半である。そのため、デフォルトサービスアカウントは利用せずに、組織ポリシーを利用した自動ロール付与の無効化や手動での権限削除を推奨する。

Google管理のサービスアカウントは、Google Cloudのサービス同士が

9

連携する際に使用されるサービスアカウントである。デフォルトサービスカウントと同様に自動的に作成および権限付与が行われるが、Google管理のサービスアカウントには該当サービスを利用するために必要なGoogle設計のロールが付与される点でデフォルトサービスアカウントと異なる。Google管理のサービスアカウントは権限を編集するとサービスが正常に動作しない可能性があるため、特別な理由がない限り利用者による権限変更は行わないことを推奨する。これらの用途以外でサービスアカウントを利用する際には、全てユーザー管理のサービスアカウントを発行する。

　サービスアカウントを利用する方法は、利用する場所や認証情報によって大きく4つの方法に分類される（**図表9-4**）。

　1つめはGoogle Cloud上のリソースからGoogle Cloudサービスを操作するケースであり、リソースにサービスアカウントを「関連付ける」方法である。この方法はCompute Engineの仮想マシンからBigQueryに対してクエリーを発行するなどの用途に利用できる。リソース作成時に使用するサービスアカウントを指定するだけと設定も簡易であり、有効期限の短い認証情報が自動的に発行されるため利用者による認証情報の管理も必要はない。この方法を利用できるGoogle CloudサービスはGoogle Cloudの公式ドキュメント（https://cloud.google.com/iam/docs/impersonating-service-accounts#attaching-new-resource）で確認できる。

　2つめはAWSやAzure、OIDC（Open ID Connect）互換のIDプロバイ

図表9-4　サービスアカウントの利用方法

	リソースに関連付ける	Workload Identity連携	Workload Identity	サービスアカウントキー
アクセス元	GoogleCloud上の各種リソース	AWS/Azure/外部のIDプロバイダー	Kubernetes Engine上のPod	それ以外
利用者による認証情報の管理	不要			必要
認証情報の有効期限	短い			長い

ダーを利用する環境からGoogle Cloudサービスを操作するケースで、
「Workload Identity連携」という機能を利用する。これまでAWSやオン
プレミス環境からGoogle Cloud上のサービスを操作するには後述する
サービスアカウントキーが必要だったが、Workload Identity連携が登場
したことでセキュアな外部連携が可能となった。Workload Identity連携
はAWSのIAMユーザーやIAMロール、IDプロバイダー上のユーザーが
サービスアカウントになりすますことでGoogle Cloudサービスを操作す
る。OAuth 2.0の仕様に従って有効期限の短い認証情報が自動的に発行
されるため、利用者による認証情報の管理は必要ない。ここで登場した
「Workload Identity」はGoogle Kubernetes Engineの機能であり、
Google Kubernetes Engine上のPodからGoogle Cloudサービスを操作す
るための仕組みである。この仕組みを応用した機能が「Workload
Identity連携」だ。

　ここまで説明したいずれの方法も利用できない場合は、サービスアカ
ウントキーを利用する。サービスアカウントキーは有効期限がない長期
的な認証情報であり、クライアントライブラリなどから読み込んで利用
する。サービスアカウントキーは管理負荷が高く、漏洩した際には誰で
も簡単に不正操作が行えてしまうため、他に代替案がない場合の最終手
段という位置づけである。

　なお、サービスアカウントキーの管理に関するベストプラクティスは
Google Cloudの公式ドキュメント（https://cloud.google.com/iam/docs/
best-practices-for-managing-service-account-keys）に記載があるため、
サービスアカウントを管理する際には必ず確認することを推奨する。

9-3-3 ロール

　ロールは操作権限のセットであり、プリンシパルと関連付けて使用す
る。ロールには「基本ロール（Basic roles）」「事前定義ロール（Predefined
roles）」「カスタムロール（Custom roles）」の3種類が存在する。
　基本ロールには「オーナー（Owner）」「編集者（Editor）」「閲覧者

（Viewer）」のロールが該当し、全てのGoogle Cloudサービスに対する権限が含まれている。多くの場合は最小権限の原則に反する過剰な権限付与状態になるため、本番環境では利用せず、事前定義ロールとカスタムロールのいずれかを利用することを推奨する。

　事前定義ロールはGoogleが管理するロールであり、サービスごと／役割ごとに様々なロールが用意されている。カスタムロールは利用者が管理するロールであり、用途に合わせて自由に権限を選択できる特徴がある。

　事前定義ロールとカスタムロールのどちらを利用するかは、操作権限の統制レベルに依存する。事前定義ロールは「○○サービスの管理者」といった具合に大まかな役割ごとにロールが作成されており、またロールに含まれる権限はGoogleが管理しているため、新サービスや新機能が追加されるタイミングでロールの内容が変更される可能性がある。そのため、事前定義ロールは以下のような利用者に向いている。

・大まかな権限管理が実現できていれば、厳格な権限統制は不要
・権限設計にかける時間を最小限に抑えたい
・新サービスや新機能は迅速に利用したい

　カスタムロールは権限設計の負荷がかかる一方で、事前定義ロールでは実現できない自由な権限設計が可能である。また利用者が設定変更をしない限り含まれる権限が変更されることはないため、カスタムロールは以下のような利用者に向いている。

・ロールに含める操作権限は都度判断するなどして、厳格な権限統制が必要
・新サービスや新機能は内容を確認した上で利用を許可したい
・事前定義ロールから一部の権限だけを削除したい
・ある時点における事前定義ロールの内容を残したい

9-3-4 ポリシー設計のポイント

ポリシー設計の主なポイントは「最小権限の原則に則る」「より上位階層で設定する」「可能な限りまとめて設定する」の3点である。

□最小権限の原則に則る

ポリシー設計において最も重要な考え方は最小権限の原則に従うことであるが、最小権限を設計することは負荷が高く時間もかかる上に、1つでも権限が足りなければリソース作成や設定変更に失敗するため、開発／運用効率を優先して権限を過剰に付与するケースは散見される。

しかし権限を過剰に付与すると、認証情報が流失した際のセキュリティーリスクが大きくなり、オペレーションミスによるリソース誤削除などの問題が発生する可能性も高くなる。そのため、Google Cloudに限らずパブリッククラウドを利用する上では最小権限の原則が非常に重要である。

Google Cloudには最小権限の設計や運用をサポートする機能が充実している。IAMのRecommender機能は過剰な権限付与を特定し、最小権限を実現できるロールを提案する機能である。既に存在するロールの中に最適なロールがない場合はカスタムロールの新規作成を提案するため、Recommender機能に従ってカスタムロールを作成することで最小権限の設計負荷を大幅に軽減できる。

Cloud Asset InventoryのPolicy Analyzer機能は特定のプリンシパルがアクセス可能なリソースを管理・可視化できる機能であり、「特定のBigQueryデータセットにアクセスできるプリンシパルはどれか」という具合に逆引きでの権限調査も可能だ。

□より上位階層で設定する

IAM管理の負荷を軽減するには、より上位階層でIAMを設定・管理することが重要である。階層構造でのリソース管理でも解説した通り、共通するポリシーは上位階層である組織やフォルダーで設定することで、

9

管理すべきIAM設計の数を大幅に削減できる。また複数プロジェクトで同じ内容のカスタムロールを利用する場合には組織階層でカスタムロールを作成することにより、個々のプロジェクトでカスタムロールを作成する必要はない。

□可能な限りまとめて設定する

　可能な限りまとめてIAMを設定・管理することでもIAM管理の負荷を軽減できる。その代表例がGoogleグループの有効活用である。Googleグループに付与されたロール（権限）は所属する全Googleアカウントに継承されるためIAMの設計を簡素化できる。また権限の異なる複数のGoogleグループを用意しておくことで、Googleアカウントが所属するGoogleグループを追加・変更するだけで、IAMの設定に手を加えることなく権限の追加や変更が可能だ。

　もちろんGoogleグループとGoogleアカウントを併用したIAM設定もできる。例えばGoogleグループに「BigQueryデータオーナー」を付与し、Googleグループ内の一部のGoogleアカウントに「BigQueryジョブユーザー」が付与した場合、該当のGoogleアカウントには「BigQueryデータオーナー」と「BigQueryジョブユーザー」の権限が付与される。

　そのほかにもIAM Conditions機能を利用することで、より柔軟なポリシー設計が可能となる。IAM Conditionsはリソース名やタグ情報などの「リソース属性」と、日時やアクセス元IPアドレスなどの「リクエスト属性」を基に条件を設けて、プリンシパルからの操作に対して追加のアクセス制御を実装する機能である。

　IAM ConditionsをサポートしているGoogle Cloudサービスは本書執筆時点では限定的であり、エンタープライズシステムで利用される機会の多いアクセス元IPアドレスに関する条件はIdentity-Aware Proxyのみをサポートしているため、アクセス元IPアドレス制限を行う場合にはVPC Service Controlなどの別機能を利用する必要がある。IAM Conditionsでサポートされている属性はGoogle Cloudの公式ドキュメント（https://cloud.google.

com/iam/docs/conditions-attribute-reference）で確認できる。

　なおGoogle CloudのIAMポリシーはAllow（許可）設定のみをサポートしており、広く権限をAllow（許可）で設定した上で、剥奪したい権限のみをDeny（拒否）するような設定はできない。今後Deny（拒否）設定がサポートされる可能性はあるが、現時点では許可するロール（権限）をホワイトリスト形式で全て洗い出す必要がある点に注意が必要だ。

9

9-4　請求管理

　Google Cloudでは請求情報を請求先アカウントで管理する。請求先ア
カウントにはユニークなIDが割り当てられ、クレジットカード情報と支
払い者の情報を登録する必要がある。

　この請求先アカウントをプロジェクトに関連付けて、プロジェクトの
請求先を管理する。1つの請求先アカウントに複数のプロジェクトを関
連付けることができ、前掲の図表9-1のように例えばECサイト用のプロ
ジェクトはEC用請求先アカウントに、データ分析用のプロジェクトは分
析用請求先アカウントに、という具合に請求を分割できる。

　請求書は請求先アカウント単位で発行され、「コストレポート」やコ
スト分析画面も請求先アカウント単位で提供されるため、請求書の分割
単位で請求先アカウントを作成することを推奨する。なおGoogle Cloud
のパートナー企業経由でGoogle Cloudを仕入れる場合にはクレジット
カードの用意は不要であり、また請求先アカウントの作成・管理はパー
トナー企業が実施する。

第10章

セキュリティー

10-1　セキュリティーサービスの種類

　Google Cloudはハードウエアからサービスまで様々なレイヤーでセキュリティーが考慮されている。ファシリティー面ではデータセンターはもちろん、大陸間を含めたデータセンター間全てのネットワークをGoogleが保有している。ハードウエア面ではデータセンター内で稼働するサーバーやネットワーク機器はGoogle製で、さらにTitanと呼ばれる独自のチップでセキュリティーを担保している。

　ユーザーとしてGoogle Cloudを利用する場合、例えばCompute Engineではストレージの暗号化をデフォルトのGoogle管理の暗号鍵ではなくユーザー管理の暗号鍵を利用する「CMEK」、ブートシーケンス内に仕込まれるルートキットやブートキットを検知する「Shielded VM」、メモリー上のデータも個別の暗号鍵で暗号化する「Confidential VM」などの様々なセキュリティー対策機能が提供されている。

　第10章ではGoogle Cloudが提供するセキュリティーサービスを紹介する（**図表10-1**）。Security Command Center、VPC Service Controls、BeyondCorp Enterprise、Access Transparencyはプロジェクトの上位概念である組織を利用する必要があり、複数のプロジェクトを包括的に管理できる。Security Command Center、BeyondCorp Enterpriseは単一の機能ではなく、複数機能のスイートとして提供されている。

図表10-1　Google Cloudのセキュリティーサービス

サービス	概要	用途など
Security Command Center	脆弱性と脅威を集中管理する	・セキュリティー標準との差分検知／確認 ・OWASPの一部のスキャン ・クラウドの振る舞い検知 ・コンテナの振る舞い検知 ・サードパーティーのSIEMとの連携
VPC Service Controls	Google Cloudのリソース向けと、リソースからのアクセス制御	・Cloud StorageやBigQueryへのIP制限 ・Cloud StorageやBigQueryからのデータ転送制御
BeyondCorp Enterprise	ゼロトラスト環境の実現	・Google Cloud、他クラウド、オンプレミス上のサービスへのゼロトラスト前提のアクセス
Identity-Aware Proxy	アイデンティティーとコンテキストベースのサービス保護	・ゼロトラスト前提のアクセス管理
Data Loss Prevention	秘匿情報の検知、分類、保護	・個人情報の検知 ・個人情報のマスキング／スクランブリング
Key Management Service	暗号鍵の管理	・顧客管理の暗号鍵でデータ暗号化 ・アプリケーションで独自に利用する暗号鍵の管理 ・ハードウエアや外部のセキュリティーモジュールを利用した暗号化
Secret Manager	秘匿情報の管理	・APIキーや証明書、パスワードの管理
Cloud Audit Logs	Google Cloud上の監査ログ	・Google Cloudの発見的統制 ・Cloud StorageやBigQueryへのデータアクセス確認
Asset Inventory	Google Cloud上のリソースの履歴管理	・リソースに対する権限の検索 ・リソース変更のリアルタイム検知
Access Transparency	Google社員によるリソースアクセスの管理	・Google社員によるアクセスの確認 ・Google社員によるアクセスの承認/拒否

10

10-2　Security Command Center

　Security Command Center（SCC）は組織配下のリソースを集中的に
モニターし、脆弱性や脅威を通知するサービスである。リソースのセ
キュリティー状態やデータのアタックサーフェスを最新の攻撃やベスト
プラクティスに沿って確認し、脆弱性やその対応方法を教えてくれるた
め、積極的に活用したいサービスだ。

　SCCは複数の機能から成っており、後述する機能が存在する。SCCに
は全機能が利用できる最低1年ごとに契約する有料のプレミアムティア
と、機能が制限された無料のスタンダードティアが存在する。

　プレミアムティアの費用は年間の利用額やコミット額に応じて異な
り、最低2万5000ドル／年（本書執筆時点）の従量課金である。一見し
て高額に思えるかもしれない。しかし同様の対応を独自に作り込むと、
多大なコストがかかるだけでなく、新しい脆弱性や基準へ対応するまで

図表10-2　Security Command Centerのティアによる違い

	スタンダードティア	プレミアムティア
Security Health Analytics	基本的な17個の項目が対象	140個以上の項目が対象
Web Security Scanner	手動スキャンが可能	手動／定期スキャンが可能
サードパーティー製品との連携	利用可能	利用可能
アクセス管理	組織レベルで設定可能	組織、フォルダー、プロジェクトで設定可能
Event Threat Detection	利用不可	利用可能
Container Threat Detection	利用不可	利用可能
継続的エクスポート	利用不可	利用可能

の間、脆弱性が存在する状態となってしまう。エンタープライズシステムでクラウドのセキュリティーを担保する場合は、プレミアムティアを導入することを強く推奨する。また、機能は制限されるが一般的なセキュリティー対策を行えるため、無料のスタンダードティアはいかなる場合でも有効化して利用することを推奨する。

　スタンダードティアとプレミアムティアの機能差は**図表10-2**の通りである。各機能の詳細については後述の節で紹介する。

10-2-1 Security Health Analytics

Security Health AnalyticsはCenter of Internet Security（CIS）、PCI DSS、NIST、ISO 27001などの準拠状況を確認し通知する機能だ。対象のリソースによってリアルタイム、バッチでスキャンして通知する。

　本書執筆時点ではプレミアムティアでは140個以上、スタンダードティアでも17個の項目が確認されるが、本機能はあくまでもモニタリング用途であり、監査や評価のために直接利用するものではないことに注意したい。

10-2-2 Web Security Scanner

Kubernetes Engine、Compute Engine、App Engineで動作するウェブアプリケーションに対し、OWASP Top Tenの一部やクロスサイトスクリプティング、セキュアでないJavaScriptのライブラリ利用などを検知する。本機能は実際のエンドポイントに対して疑似攻撃を仕掛けるため、データが生成や削除されてもよいテスト環境に対して実施するといった考慮が必要となる。

　本書執筆時点ではプレミアムティアではスタンダードティアの機能に加え、検知対象が追加され、週に1度脆弱性を確認するマネージドスキャンが利用できる。

10-2-3　サードパーティー製品との連携

Google Cloudが提供するオープンソースであるForsetiのほか、Splunk などのサードパーティーのSecurity Information and Event Management（SIEM：ログを一元管理し、脅威検知・分析、通知などを いち早く行うことを可能にする）製品と連携できる。

10-2-4　アクセス管理

スタンダードティアでは組織レベルでのみ権限付与が可能だが、プレ ミアムティアでは組織のほか、フォルダーやプロジェクト単位で権限管 理ができる。設定は集中的に行いながら、検知した脆弱性の情報を各プ ロジェクトの責任者などが参照できるようにすることで無駄なコミュニ ケーションを削減するなど様々なユースケースで活用したい。

10-2-5　Event Threat Detection

Event Threat Detectionはプレミアムティアのみで提供され、Cloud Logging、Google Workspaceと連携し、Google Cloud内のマルウエアや 暗号資産のマイニング、データ漏洩などを脅威インテリジェンスや機械 学習などを利用して検知する。

10-2-6　Container Threat Detection

Container Threat Detectionはプレミアムティアのみで提供され、 Kubernetes EngineでContainer-Optimized OS上で実行中のコンテナに 対する攻撃を検知し、通知する。本書執筆時点ではもともとのコンテナ に含まれていないバイナリ実行やライブラリロード、自然言語処理を利 用した悪意あるbashスクリプト実行、リバースシェルの実行を検知する。

10-2-7　継続的エクスポート

　継続的エクスポートはプレミアムティアのみで提供され、SCCの通知
をPub/Subトピックに転送する設定をダッシュボードから行えるように
なる。SCCからPub/Subトピックへ通知を転送する機能はスタンダード
ティアでもFinding Notificationsとして提供されるが、gcloudコマンドや
API経由でのみ利用できる。

10

10-3 VPC Service Controls

　従来のエンタープライズシステムの多くはIPベースのファイアウォールなどで防御していた。Google CloudでもVPCやCompute Engineなどを活用することで同様の防御が可能なものの、BigQueryやCloud StorageといったAPI経由でアクセスするサービスについては、それら単体ではIPベースのファイアウォールによって防御することはできない。

　Google Cloudが有する強力な機能の多くがAPI経由でアクセス可能なサービスとして提供されているが、これらを有効活用しつつセキュリティーを担保できる機能がVPC Service Controls（VPC-SC）である。VPC-SCはセキュリティー境界を作成し、境界内の各種Google CloudのAPIと境界外の間のアクセスをIPだけではなく、ユーザーや位置、デバイス、時間帯といった様々な方法で制御できる。

10-3-1　制御できる対象

　VPC-SCが制御できる対象はBigQueryやCloud StorageなどのVPC外にあるサービスであるとよく誤解されるが、VPC-SCが制御するのは各種APIだ。例えばCompute EngineのAPIも同様にVPC-SCで制御できる。

　制御するのはあくまでもAPIのため、Compute Engineに対するSSHやRDPといったリソースに直接アクセスする方式は制御不可能だが、BigQueryやCloud StorageなどはAPIを通じてアクセスするため、格納している全データへのアクセスを制御できる。

　VPC-SCは多くのAPIをサポートしており、一部の対象APIについては制限事項が設けられている。使用する際はGoogle Cloudの公式ドキュメント（https://cloud.google.com/vpc-service-controls/docs/supported-products?hl=ja）で対応状況や制約を確認する必要がある。

10-3-2　制御方法

VPC-SCはサービス境界と呼ばれるセキュリティー境界を作成し、API をその境界内に入れてアクセスを制御する。アクセス制御とサービス境 界の設定方法は次の通りである。

□アクセスレベル

VPC-SCは、10-4で紹介するAccess Context Managerによってアクセ スレベルを定義し、それをサービス境界から参照することでアクセス制 御する。アクセスレベルでは接続元IPやアカウント、リージョン、デバ イスポリシーの指定やほかのアクセスレベルを参照でき、ルールに合致 した場合に許可/拒否するかの設定や、複数条件のAND/ORの組み合わ せが利用可能で柔軟にルールを設定できる。

□サービス境界

1つのサービス境界に複数プロジェクトのAPIを入れることはできる が、1つのプロジェクトを複数のサービス境界に入れることはできない。 よって、例えば1つのプロジェクト内でBigQueryとCloud Storageへのア クセスを制御したい場合は1つのサービス境界でアクセスを制御するこ とになる。

サービス境界内のAPIに対するアクセスは「アクセスレベル」と 「Ingress Policy」という2通りの方法で制御できる。

アクセスレベルは、初期から提供されていた機能で、サービス境界に 対して1つのアクセスレベルを設定する。VPC-SCの仕様でプロジェクト は1つのサービス境界にしか含められないため、APIごとに異なるアクセ スレベルを利用したい場合はプロジェクトを分離し、それぞれ異なる サービス境界で管理する必要があるが、アタックサーフェスや管理負荷 が増えてしまうため、次に説明するIngress Policyを利用することを推奨 する。

Ingress Policyはサービス境界内のAPIごとに接続元のアクセスレベル

とプロジェクト、ユーザーの組み合わせを指定してアクセス制御する。
Ingress Policyは1サービス境界当たりの作成できる個数に制約（本書執
筆時点では500個）がある点に注意が必要だが、きめ細やかなアクセス
制御が可能だ。

　サービス境界内のクライアントやリソースからは、サービス境界外の
リソースへアクセスすることはできない。サービス境界の外から、防御
しているBigQueryやCloud Storageなどへデータをアップロード・参照す
ることが多いため、この仕様があまり問題になることはないが、例えば
サービス境界内でBigQueryやCloud Storageのクライアントを利用して
サービス境界外からデータをコピーしてくることはできない。

　この問題を解決するのが、サービス境界内から外部へのアクセスを許
可するEgress Policyだ。Egress Policyはアクセスを許容する接続元の
ユーザーと、接続先のプロジェクトとサービスの組み合わせを指定する。

　Ingress PolicyとEgress Policyは一緒に利用することもあり、例えば
異なるサービス境界内に存在するサービス間で通信する場合は、相互に
Egress Policyを設定し、接続される側ではIngress Policyを設定する必
要がある。

　Ingress PolicyとEgress Policyが提供されるまでは、同様のユース
ケースを実現する場合はサービス境界間を接続するサービス境界ブリッ
ジを利用する必要があったが、Ingress PolicyとEgress Policyを活用す
ることでよりきめ細やかにアクセスが制御できる。

　次にVPC-SCでアクセス制御をする例を紹介する。**図表10-3**のよう
に、アクセスレベルを利用すると、Access Context Managerのポリシー
に合致した接続元はサービス境界内の全てのサービスへアクセスできて
しまう。これに対してIngress Policyを利用すると、ポリシーと接続元の
アカウントの組み合わせごとに、接続先のプロジェクトとサービス（図
10-3ではプロジェクトAのBigQuery）を制御できる。

　Egress Policyを利用することで、境界内のアカウントと接続先のプロ
ジェクトとサービス（図10-3ではプロジェクトCのBigQuery）を指定して

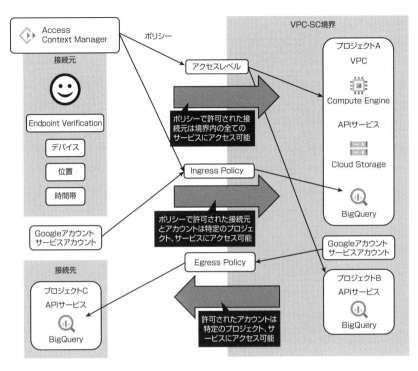

図表10-3 VPC-SCでアクセス制御をする例

10

外向きのアクセスを制御できるため、例えば境界内のBigQueryからデータコピーができる先のプロジェクトを制限するといったことが可能だ。

10-4 BeyondCorp Enterprise

　オフィスに集まるワークスタイルや従来のサイバー攻撃に対しては、社内と社外のネットワークを分離し、社内のものを全て信用する境界型の防御が一般的だった。新型コロナ禍以降は、リモートワークなどの多様な働き方をしつつ高い生産性を実現することがますます重要になっている。境界の外から内にVPNなどを使用して接続する方式では、ネットワークの遅延や帯域などが足かせとなることが多い。また、近年はフィッシングなどを利用した社内ネットワーク内の端末を踏み台とする攻撃が60%にも上るといわれており、信用している境界内からの攻撃によって被害が大きくなることが多い。

　これらの問題を解決するため、社内外関わらず全てのユーザーやネットワーク、デバイスを信用できないものとして防御する「ゼロトラストモデル」が広がっている。Googleは2010年に、境界型からBeyondCorpと呼ばれるゼロトラストモデルを導入し始め、社内ユーザーからのフィードバックを基に8年をかけて改善し、一般的に両立が難しいセキュリティーとユーザビリティーを両立させている。BeyondCorp EnterpriseはBeyondCorpのサービスである。

10-4-1 BeyondCorp Enterpriseの機能

　BeyondCorp Enterpriseは次の機能を組み合わせて実現され、Endpoint VerificationはBeyondCorp Enterpriseでのみ利用できる（**図表10-4**）。

□Identity-Aware Proxy（IAP）
　各種サービスへのアクセスをプロキシーし、信頼できないネットワークからのアクセスを、ユーザーとそのユーザーが利用しているデバイスや位置といったコンテキストをペアとしてアクセスを制御する。

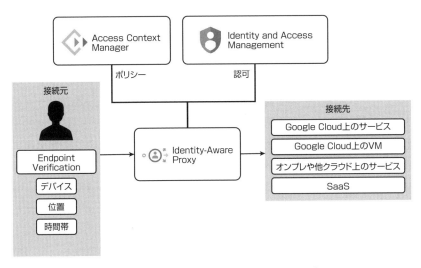

図表10-4　BeyondCorp Enterpriseと他サービスの組み合わせ

□Identity and Access Management（IAM）

アイデンティティに応じてサービスに対する認可を行う。

□Access Context Manager

デバイスや位置、時間帯、接続元IPなどの詳細なアクセス制御のルールを定義する。

□Endpoint Verification

Google Chromeのエクステンションで、デバイスの承認状況やユーザー情報、暗号化、OSなどの詳細を収集し管理する。

10-4-2 BeyondCorp Enterprise 利用時の注意点

BeyondCorp Enterpriseがなくとも多くの機能がGoogle Cloudのユー

ザーに提供されており、それらを活用することでゼロトラスト環境を楽に構築できる。

　一方でEndpoint Verificationのデバイスに関するポリシーや接続制限のほか、IAPのオンプレミスや他クラウド上のサービス対応、フィッシング／マルウエア／DLP対応、Check PointやCrowdStrikeなどのサードパーティー製品の情報を基にしたアクセス制御など、BeyondCorp Enterpriseの利用が前提となる機能が存在する。そのため、よりセキュアなゼロトラスト環境を構築したい場合には、BeyondCorp Enterpriseの利用を推奨する。BeyondCorp Enterpriseの費用はユーザーごと、月ごとに6ドル（本書執筆時点）となっており、Google Cloudとは別個に契約が必要だ。

　ゼロトラストモデルを安全に運用するには、境界型と比較し、デバイスやプロキシー、接続先それぞれのログを収集、蓄積し、組み合わせて分析することが必要となる。そのため、管理すべきログの量や期間が爆発的に増える。

　Google CloudのCloud Loggingに全てを集約することも可能であるが、サイバー攻撃を受けてから企業が検知できるまで平均200日を要するといわれている。そのため長期間のデータ保存コストや分析時のレスポンスが運用時のボトルネックとなる。

　そのような場合には、Google検索と類似のテクノロジーで実現され、高速なログ検索や無制限なデータ保存が可能なChronicle Security Analytics Platformの利用を検討することを推奨する。

10-5 Identity-Aware Proxy

　Identity-Aware Proxy（IAP）はHTTPSで提供しているサービスや VMのTCPポートへのアクセスをIPの代わりにアプリケーションレイ ヤーで制御するマネージドサービスである。Googleのゼロトラスト環境 であるBeyondCorpでも利用されている機能であり、接続元のGoogleア カウントやグループを利用し、サービスへのアクセスを認可するプロキ シーとして動作する。

　Google Cloud上ではKubernetes Engine、Compute Engine、Cloud Run（本書執筆時点ではプレビュー版）、App Engineがサポートされる ほか、BeyondCorp Enterpriseを利用している場合はKubernetes Engine 上で動作するIAPコネクタを利用することでオンプレミス環境上のアプ リケーションもサポートされる。

　IAPを利用してユーザーにサービスを提供することで、APIキーなど の事前共有キーの漏洩リスクやVPNなどの利用による利便性の阻害から 解放されるため、積極的に利用したい。

10-5-1　アクセス制御の方法

　IAPはプロキシーとして動作し、接続元のユーザーからバックエンド のサービスに対するアクセスを制御する。次にIAPを利用して、 Kubernetes Engine上のサービスに対するアクセスを制御する場合の構 成例を紹介する。

　図表10-5の例ではKubernetes Engine上のHTTPSで動作するサービ スをExternal HTTP（S）Load Balancerで外部に公開しており、そのサー ビスに対するアクセスをIAPで制御している。IAPはExternal HTTP（S） Load Balancerと連携しており、Googleアカウントでの認証と、IAMを 用いたサービスに対する認可が管理される。サービスに対するアクセス はFirewallを利用してExternal HTTP（S）Load Balancerからの接続のみ

10

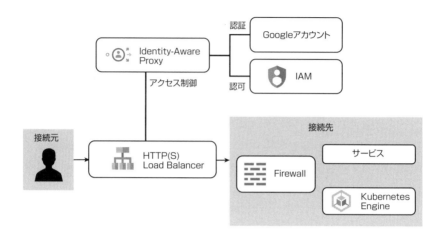

図表10-5　IAPを利用しKubernetes Engine上のサービスへのアクセスを制御する構成例

を許可することで、IAPをバイパスするサービスへのアクセスがないことを保証している。

□接続先ごとの制御方法

IAPは接続先としてHTTPSとTCPに対応している。Googleが BeyondCorpを社内に適用する際、サービスをセキュアで制御しやすい HTTPSに移行した経緯もあり、HTTPSのサービスを利用することが推奨されている。

HTTPSを利用する場合は、サービスによりIAP利用時の構成が異なるため、詳細はGoogle Cloudの公式ドキュメントを参照していただきたい。Compute Engineに関しては外部からの通信は用途に応じてCloud Load BalancingとIAP、外部への通信はNATを利用することでVMに外部IPを付けずに柔軟にインターネットとの通信が実現できるため、推奨される設計となっている。

TCPを利用する場合、Compute Engine上の任意のTCPポートと通信

するための転送用のTCPポートがIAP上に作成され、クライアントと
IAP間はHTTPSで通信してTCPをHTTPSでラップする。例外として、
gcloud compute sshコマンドでIAPを利用してSSH接続を行うと、TCP
の代わりにSSHがHTTPSでラップされる。転送先のTCPポートは任意
のものが利用可能だが、管理サービスが対象とされているため、負荷分
散やクラスタ化されたサービスはサポートされない。そのため、一般的
にはSSHやRDP、データベースやウェブサーバーの管理ポートに対する
接続で利用する。

　IAPのTCP転送は一見シンプルな機能だが、セキュリティーやコスト
上の大きなメリットが2つある。1つはIAPを経由して接続する場合、内
部IPしか持っていないVMにアクセスできるようになるため、IPが外部
にさらされず外部IPのコストが不要となる点である。

　もう1つはIAPそのものの特徴だが、従来のIPレベルではなく、アプリ
ケーションレベルのより詳細なアクセス制御ができるようになるため、
セキュアにVMを管理できる点だ。このように、セキュリティーやコス
ト削減に寄与するため、用途に合致した場合は積極的に活用したい。

□接続元の認証認可

　IAPの認証にはGoogleアカウントやグループが利用できる。グループ
を活用することで接続元の管理対象を集約できるため、積極的な利用を
推奨する。ユーザーがIAPを経由してサービスへアクセスすると、未認
証のユーザーはGoogleの認証画面へリダイレクトされ、ブラウザのクッ
キー内にOAuth 2.0のトークンが保存されIAPで利用される。

　サービスに対する認可にはIAMを利用する。IAM権限はHTTPSと
TCPで分かれており、それぞれ異なるIAM権限を設定する。HTTPSの
場合はアクセスレベルを利用して接続元IPやデバイスポリシーによる追
加の制御ができ、TCPを利用している場合はIAM Conditionsを利用して
同様にアクセスレベルによる接続元IPやデバイスポリシーのほか、時間
帯などによる柔軟なアクセス制御が可能だ。

　このように、IAPではユーザーだけではなく、必要に応じて追加の接

10

続元IP制限など従来のアクセス制御も可能なため、要求に合わせて柔軟にサービスやVMに対するアクセスが制御できる。

　認可を設定する最小単位はHTTPSで提供されるサービスやTCPで接続するVMとなっている。また、一括で管理する場合はHTTPSのサービスでは実行環境ごとやVMの場合はゾーンごと、さらにプロジェクト単位でも設定可能なため、まとめてアクセス管理をしたいユースケースにも柔軟に対応できる。

10-5-2　利用時の注意点

　IAPはサービスへ接続するためのプロキシーとして動作するため、IAP以外の経路からのアクセスは制御できない点に注意したい。これは例えばCompute EngineではVM内のプロセスからサービスへのアクセスや、Cloud Runでは自動割当URLに対するアクセス権限を持つユーザーからサービスへのアクセスが該当する。

　設計としてこれらのアクセスを許容する場合はよいが、アクセスを遮断したい場合はIAPが付与するJWTの署名を確認してIAPからの通信のみ許可したり、Cloud Runを利用する場合はingressの制御を利用してIAPからの通信のみ許可したりすることで実現できる。

10-6　Data Loss Prevention

　Data Loss Prevention（DLP）は個人情報やクレジットカード番号、医療関連データといった秘匿情報の識別、マスキングやスクランブリングによる匿名化、データが特定可能か確認できるフルマネージドのサービスである。DLPは様々なデータソースやクライアントライブラリ、APIでの呼び出しに対応しており、機密データを取り扱う場合は積極的に利用することを推奨する。

▍10-6-1　検知対象

　DLPは検知対象のデータ種別を検出器として定義している。事前定義されたものとして、世界共通の名前や年齢、クレジットカード番号、住所などがあり、各国固有の中でも日本では口座番号や運転免許証番号、個人番号、パスポートなど、多岐にわたる種類がある。

　注意点として、事前定義された検出器は秘匿情報を100％検知できる保証はないため、必ず利用するデータセットでテストすることが推奨されている。

　事前定義された検出器に加え、次の3つの方法でユーザーが独自に検出器を定義できる。これらはいずれも、検知したいデータのフォーマットを把握している場合に利用する。

・小規模なカスタム辞書検出器：名前の通り、最大数万個の単語やフレーズのリストを作成し、検出器として利用する
・大規模なカスタム辞書検出器：最大数千万個の単語やフレーズのリストをCloud StorageやBigQueryで作成、管理し、検出器として利用する
・正規表現：正規表現で検知する対象を定義する

10

10-6-2　利用方法

DLPの利用方法は大きく分けて3つある。

□検査

DLPで指定したデータ内に、指定した検出器に合致するデータがあるか確認する。コンソールからBigQuery、Cloud Storage、Datastoreに対して単発であるいは定期的にスキャンするほか、外部のデータソースからDLPへデータを送付することであらゆるデータをスキャンできる。また、クライアントライブラリを利用したり直接APIへデータを送付したりすることで、検査することも可能だ。一般的にまとまったデータ量がある場合は前者の方法、少量のデータの場合は後者の方法を利用する。

□匿名化

データ内の匿名のカラムが検査条件に一致した際に、特定文字列への置き換えによるマスキングや、トークン化、暗号鍵を利用した暗号化を適用できる。匿名化の条件や動作は柔軟に設定でき、例えばしきい値の設定や、レコード内の特定のカラムの値に応じた出力の抑止や他カラムの変換、KMSを利用した可逆の暗号化などが可能だ。匿名化はクライアントライブラリの利用や直接APIへデータを送付する方法のみサポートされている。

□再識別リスク分析

機密データから対象が特定できるリスクを分析する。例えば独自の仕組みで匿名化されたデータがある場合、悪意あるユーザーによってデータから個人が識別できるリスクを確認できる。コンソールからBigQueryに対してスキャンするほか、クライアントライブラリの利用や直接APIへデータを送付する方法がサポートされている。

10-7 Key Management Service

Key Management Service（KMS）は暗号鍵を管理するサービスである。主に顧客管理の暗号鍵を利用する際や外部とやり取りするデータの暗号化、電子署名などで利用し、セキュアかつ容易に暗号鍵を管理できる。

10-7-1 鍵管理の概念

KMSで暗号鍵を管理する概念として、鍵とキーリングが存在する。鍵は後述の暗号鍵やアルゴリズムが指定可能で、それぞれの鍵が複数のバージョンを持つことができる。個々のバージョンではアクセス管理はできないが、無効化と削除ができ、暗号化した際に利用したバージョンでのみ復号できるため、データのリテンションと合わせて管理できる。

キーリングはリージョンごとに管理され、複数の鍵を管理できる。

10-7-2 暗号鍵の保存場所

KMSの暗号鍵は保護レベルという概念で保存する場所を変更でき、Google Cloudの中でソフトウエアとして実装されたSOFTWAREのほか、Google Cloudの中でホスティングされたFIPS 140-2レベル3対応のハードウエアセキュリティーモジュールを利用するHSM、サポートされた外部のパートナーが管理する鍵管理システムを利用するEXTERNALを選択できる。

10-7-3 暗号鍵と利用用途

KMSでは対称と非対称の両方の暗号鍵、MAC署名を管理できる。いずれの場合もセキュリティー対策として秘密鍵は取得できず、KMSへリクエストを出すことで暗号化や復号を行う。

10

□対称の暗号鍵

　対称の暗号鍵はAES-256 GCMを利用可能だ。ユーザーが持つデータの暗号化で利用することもあるが、Google Cloud内のBigQueryやCloud Storageといった多くのサービスでサポートされる「顧客管理の暗号化」で利用することが多い。前者は自明のため、ここでは後者について仕組みを説明する。

　Google Cloud内のサービスで利用されるデータは全てサービスごとに決められた単位で分割され、それぞれが異なる暗号鍵で暗号化されて保存される。データの暗号鍵にはデータ暗号鍵（Data Encryption Key：DEK）と鍵暗号鍵（Key Encryption Key：KEK）の2種類が使われる。

　分割されたデータは都度GoogleがDEKを作成して暗号化し、さらにそのDEKをKEKで暗号化し、暗号化されたデータと共に保存する。デフォルトではKEKにGoogleが保有し管理する暗号鍵が利用されるが、企業の統制によっては鍵のローテーションやKEKを保存するリージョンに基準があるなどの理由で、ユーザーが管理する暗号鍵を利用して暗号化することが求められる場合がある。「顧客管理の暗号化」を利用すると、Googleが管理する暗号鍵の代わりに、ユーザーがKMSで作成し管理する暗号鍵をKEKとして利用するため、このような要求に応えることができる。

　暗号化に利用される鍵は都度KMSが呼び出されるわけではなく、データを保存するノードが可能な限りメモリー上で保持し再利用するため、データの読み書きのボリュームによってコストが肥大化しにくい。

　「顧客管理の暗号化」を利用する場合はサービスアカウントにKMSの利用に対する権限を付与し、リソース作成時にKMSの暗号鍵を指定するだけでよい。例えばBigQueryを利用する場合は、KMSで暗号鍵を作成し、BigQueryのサービスアカウントへアクセス権限を付与した後、データセットを作成する際に「顧客管理の暗号化」を有効化して暗号鍵を指定するだけでよい。

　KMSはあくまでもGoogle Cloud上のサービスのため、統制上許容されない場合はアプリケーションレイヤーで暗号化し、データを保存する必要がある。例えばBigQueryでそれを行う場合、独自に生成した暗号鍵を

利用して必要なカラムを暗号化して保存し、データを利用する際には読み込んだ後に同じ鍵で復号する、といった具合だ。

　Cloud StorageとCompute Engineはそれを支援する「顧客指定の暗号鍵」という機能を提供しており、バケットやVM作成時にKMSの暗号鍵ではなく、暗号鍵を直接アップロードすることで利用できる。APIやコンソール経由でデータを読み書きする際には特に意識する必要はないが、gsutilやgcloudといったコマンドから利用する場合は暗号鍵を指定する必要があるため注意したい。

□非対称の暗号鍵

　非対称の暗号鍵は作成時に署名か暗号化を指定し、署名は楕円曲線とRSA、暗号化はRSAが利用可能だ。署名はKMSへリクエストを送付してデータに署名し、KMSから取得した公開鍵を利用して署名を検証する。暗号化はKMSから取得した公開鍵を利用してデータを暗号化し、KMSへリクエストを送付して復号する。

　非対称の暗号鍵は対称の暗号鍵と同様にデータの暗号化と復号に直接利用することも可能だが、公開鍵暗号の仕様上暗号化できるデータサイズが限られる。そのため、非対称の暗号鍵をデータの暗号化と復号に利用する場合には、データ長が固定かつデータサイズが小さい場合のみとなる。

　それ以外のデータを暗号化する場合は、前述の「顧客管理の暗号化」と同様に、DEKとして共通鍵を生成してデータを暗号化し、DEKを暗号化するKEKにKMSで管理する非対称の暗号鍵を利用する。KMSで管理される公開鍵は取得できるが、秘密鍵は取得できないため、外部で公開鍵を利用して暗号化したデータが、KMSの暗号鍵に対して権限を持つユーザーやプログラムのみが復号できることが保証できる。

□MAC署名

　本書執筆時点ではHMAC署名のみ対応しており、HMAC_SHA256が利用可能だ。HMACは一般的な規格のため本書では詳細は割愛する。

10-7-4 暗号鍵の管理機能

暗号鍵の保存や利用はシンプルだが、実際の運用を考慮すると様々な管理機能が必要となる。KMSではこれらを楽にする機能が備わっているため、それらを紹介する。

□アクセス管理

KMSで登録した暗号鍵は、IAMを利用して鍵、キーリング、プロジェクトレベルで管理が可能なため、柔軟に権限管理ができる。プロジェクトレベルで権限を付与するとそのプロジェクト内の暗号鍵全てにアクセス可能なため、特にowner権限のように鍵の管理や暗号化、復号などが行える権限をプロジェクトレベルで利用すると内部からの攻撃に対して脆弱となる可能性がある。組織を利用する場合は、各プロジェクトにowner権限を持つユーザーは不要となるため、Google Cloudの公式ドキュメント（https://cloud.google.com/kms/docs/separation-of-duties）を参考に安全な設計を行うことを推奨する。

□ローテーション

対称の暗号鍵は新しいバージョンにローテーションできる。PCI DSSなどのための定期的な自動ローテーションや、鍵の不正利用などの対応として手動ローテーションが可能だ。

暗号鍵をローテーションした場合、古い暗号鍵で暗号化したデータは同じ暗号鍵で復号する必要があるため、データの保存日数に応じて古い鍵を保持するか、復号した後に新しい暗号鍵で再暗号化する必要がある。

暗号鍵はいつでも復元可能な無効化、あるいは24時間経過すると復元不可能な破棄ができる。非対称の暗号鍵に関しては、署名、暗号化のいずれの場合も事前に新しいバージョンの公開鍵を配布した後、新しいバージョンの秘密鍵で署名や復号する必要がある。

□監査

　KMSは監査ログに対応しており、キーリングや暗号鍵の管理、暗号化、復号、署名といったKMSの利用がロギング可能だ。いずれもKMSがいつ、誰に管理・利用されたかを把握するのに重要な情報のため、デフォルトで無効化されているデータアクセス監査ログを有効化することを推奨する。

10

10-8 Secret Manager

　Secret Managerはシークレット（APIキーやTLS証明書、DBの接続パスワードなど）をバイナリblobやテキストとして保存、管理するマネージドサービスである。これらの情報はDBやオブジェクトストレージで管理することも可能だが、Secret Managerを利用することで、後述の詳細なアクセス管理や監査、バージョニング、ローテーションといったシークレットを管理する上で一般的に必要な機能をマネージドで利用できる。KMSと一見似ているが、KMSでは秘密鍵を参照できないのに対し、Secret Managerではアクセス権限があれば参照できる。

10-8-1　利用方法

　Secret Managerを利用する際は、シークレットを名前やその他のパラメーターと合わせて登録し、利用を許可するGoogleアカウントやグループへアクセス権限を付与する。ユーザーは名前とバージョン（バージョンの機能については後述する）を指定してSecret Managerからシークレットを取得し、プログラム内で利用したり、外部のサービスやミドルウエアへの接続時に利用したりする。取得したシークレットをストレージや環境変数に保存して流用することも可能だが、漏洩リスクやシークレットのローテーション時に問題となることがあるため、都度Secret Managerから取得して利用することを推奨する。

10-8-2　シークレットの管理機能

　Secret Managerではシークレットの運用を楽にする機能が備わっているため、それらを紹介する。

□アクセス管理

　シークレットの権限は、シークレットレベルとプロジェクトレベルで管理できる。シークレットレベルの場合は個々のシークレットごとに管理し、プロジェクトレベルの場合は該当のプロジェクト内の全シークレットに対する権限を一括で管理する。プロジェクトレベルで権限を付与すると複数のシークレットへアクセス可能になってしまうため、環境、アプリケーションといった管理単位でプロジェクトの分離を検討する必要がある。

□レプリケーションポリシー

　Secret Managerはシークレットの保存先リージョンをレプリケーションポリシーで管理する。設定はデフォルトの「自動」と「ユーザー管理」があり、シークレットの作成後には変更できない。

　推奨されている「自動」はGoogleが世界中の利用可能なリージョンから自動的に最適な保存先を決めるが、保存先のリージョン数に関係なく1ロケーションとして課金される。統制などの理由で保存先のリージョンなどに制約がある場合にはユーザー管理を選択し、Secret Managerが対応しているリージョンから1つ以上を選択する。「ユーザー管理」を選択して複数のリージョンを選択した場合、それぞれが課金対象となるため注意したい。

□顧客管理の暗号鍵

　Secret Managerが保存するシークレットは「顧客管理の暗号化」に対応している。レプリケーションポリシーで自動を選択した場合はKMSの保存先がグローバルである必要があり、ユーザー管理で複数リージョン選択した場合はそれぞれのリージョンにKMSの暗号鍵が必要となる。

□ローテーション

　各シークレットは複数のバージョンを管理でき、ローテーションを利用して管理できる。セキュリティー対策として定常的にローテーション

する用途以外にも、特定のGoogleアカウントやグループからアクセス権限を削除した際にシークレットをローテーションする、といった用途などで利用できる。Secret Managerで管理するシークレットはユーザーがアップロードするため、ローテーションする際は新しいシークレットの生成や取得を行い、それをSecret Managerに新しいバージョンとして登録することで実現する。

　ローテーションの仕組みは全て独自に実装することも可能だが、Secret ManagerはCloud Pub/Subと連携してローテーション関連の通知を行えるため、「ローテーションスケジュール」「イベント通知」「監査」という機能を有効活用するとよい。

　シークレットにローテーションスケジュールを設定することで、定期的にCloud Pub/Subへの通知を送付できる。例えば通知をCloud Runなどで受信し、新しいAPIキーやデータベースなどのパスワードを取得して新しいバージョンとして登録する、といったことが可能となる。

　シークレットにイベント通知を設定すれば、シークレットやバージョンの変更に関するオペレーションが指定したCloud Pub/Subのトピックへ通知される。例えばデータベースのパスワードを管理するシークレットに新しいバージョンが登録されたことをPub/Sub経由で受信し、プログラム内で参照するシークレットバージョンを変更する、といったことが可能となる。

　Secret Managerは監査ログに対応しており、シークレットの管理やデータへの読み書きをロギング可能だ。いずれもシークレットがいつ、誰に管理・利用されたかを把握するのに重要な情報のため、デフォルトで無効化されているデータアクセス監査ログを有効化することを推奨する。

10-9　Cloud Audit Logs

　Cloud Audit Logsを利用することで、Google Cloud上で「いつ、誰が、何の作業を実施したか」といった監査ログを残すことができる。クラウドを利用する上で監査ログを残すことは非常に重要であり、作業履歴の追跡はもちろん不正操作の検知などの用途にも活用できる。

　Cloud Audit Logsは「管理アクティビティ監査ログ」「システムイベント監査ログ」「データアクセス監査ログ」「ポリシー拒否監査ログ」の4種類に分類される（**図表10-6**）。図表10-6には記載していないが、監査関連のログである「アクセスの透明性ログ」は10-11で紹介する。

　Cloud Audit Logsは第11章で解説するCloud Loggingのコンソール画面と統合されており、同じ操作で監査ログの検索・閲覧が可能となって

図表10-6　Cloud Audit Logsのログ機能

	管理アクティビティ監査ログ	システムイベント監査ログ	データアクセス監査ログ	ポリシー拒否監査ログ
記録対象のAPI操作	・リソースの構成変更操作 ・メタデータ変更操作 ・その他の管理アクション	Google Cloudによるリソースの構成変更操作	・リソースの構成読み取り操作 ・メタデータ読み取り操作 ・ユーザーが提供するリソースデータの作成、変更、読み取り操作	VPC Service Controlsによって拒否された操作
デフォルト状態	有効（無効化は不可）		無効（BigQueryのみ有効）	有効（無効化は不可、除外は可能）
出力先ログバケット	_Required バケット		_Default バケット	
デフォルト保持期間	400日（変更不可）		30日（変更可能）	
料金	無料		30日以上保存する場合は有料※	

※　2022年4月1日以降の料金体系

いる。システムイベントとポリシー拒否監査ログについては本書執筆時点でサポートするGoogle Cloudサービスが少ないため、利用時にはGoogle Cloudの公式ドキュメント（https://cloud.google.com/logging/docs/audit/services）で確認することを推奨する。

　Cloud Audit Logsはプロジェクト単位でのログ出力のほか、集約シンクという機能を利用することで組織もしくは特定のフォルダー配下の全ての監査ログを1カ所に集約・管理できる。集約シンクの出力先は任意のプロジェクト上のCloud Storageバケット、Cloud Pub/Subトピック、BigQueryテーブル、別のCloud Loggingバケットをサポートしており、ログ収集用の環境やSecurity Information and Event Management（SIEM）で企業や部門単位の監査ログを一元管理するなどの用途には集約シンクの利用を推奨する。

10-10 Asset Inventory

　Asset InventoryはGoogle Cloud上のアセットのメタデータを5週間分、履歴として保存し提供するインベントリサービスである。Asset Inventoryを利用すると、クエリーを用いた検索や、メタデータや変更履歴のエクスポート、変更のリアルタイム通知などが実現できる。監査ログをCloud Loggingで参照することで同様のことが可能だが、Asset Inventoryはアセットのメタデータの保存や分析に特化したサービスであり、無料で利用できるため有効活用したい。

　Asset Inventoryの管理対象はアセットと呼ばれるリソースとポリシーのメタデータである。リソースは各種Google Cloud上のCompute EngineやCloud Storageのバケットなどを指し、ポリシーはIAMやOrganization Policy、Access Context Managerのポリシーなどを指す。サポートされるアセットは頻繁に更新されているため、詳細はGoogle Cloudの公式のドキュメントを参照してほしい。

　Asset Inventoryを利用すると、次のような方法でアセットに関するメタデータを活用できる。

□検索

　名前だけでなく、組織やフォルダー、ロケーション、ラベルなどの指定、フリーテキストなど、柔軟な条件で検索しアセットのメタデータを確認できる。

□エクスポート

　指定したタイムスタンプの全てのアセットメタデータや、指定した期間内のアセットの変更履歴をBigQueryあるいはCloud Storageにエクスポートできる。BIツールから参照して分析したり、特定のアセットの変更履歴を監査用途で保存したりするユースケースなどで利用できる。

□変更のモニタリング

　フィードと呼ばれる、アセットの変更通知をリアルタイムで受け取るための機能を利用することで、フィルタで設定した対象が変更されるたびにCloud Pub/Subへ通知を送ることができる。重要なアセットの変更を通知したり、自前で処理を実装することによって自動でアクセス権限を既定の状態に戻したりすることが可能だ。

□分析

　IAMのPolicy Analyzerを利用することで、Asset Inventoryのインベントリを利用したIAMに関する分析ができる。Policy Analyzerは複数のサービスアカウントを連鎖的に経由した場合の権限や特定日時の情報などの条件を柔軟に設定でき、テンプレートも用意されている。IAM権限に関して調査する多くの場合、複数のリソースを確認する必要があり手間がかかるため、Policy Analyzerを有効活用するとよい。

10-11　Access Transparency

　Access Transparencyはユーザーのコンテンツに対する、Googleの担当者によるアクセスの透明性を担保するサービスだ。ロギングと承認を機能として提供する。

　利用する場合は特定のサポートを契約している必要があるが、Access Transparency自体の料金は無料となっているため利用を強く推奨する。対象となるサポートの詳細については公式ドキュメントを参照していただきたい。

10-11-1　ロギング

　Access Transparencyを有効化することによって、ユーザーのコンテンツにGoogleの担当者がアクセスすると、操作の影響を受けるコンテンツ、操作内容、実行日時、操作をした理由、担当者情報などがCloud Loggingへ出力される。

　Google Cloud上のユーザーのコンテンツはユーザーに帰属するため、Googleの担当者がアクセスするのは公開されている正当な理由がある場合のみとなっている。例えばユーザーのサポートリクエストへの対応やシステム／データの復旧、セキュリティーやコンプライアンス確認などがある。

　アクセスの透明性ログを利用することで、サポート問い合わせ対応や障害復旧作業といったビジネス上の正当な理由がある場合に限ってGoogleの担当者がアクセスしており、かつ、操作に誤りがないことを確認できる。この機能はユーザーのデータに対するプライバシー保護および信頼性の原則をGoogleの担当者が厳守していることを証明する機能であり、ユーザーのデータに対するアクセスの透明性と信頼性に対するGoogleの取り組みを象徴する機能の1つである。

10

10-11-2　承認

　Access Transparencyは「Access Approval」という承認機能を提供
している。ユーザーのコンテンツに対するGoogleの担当者のアクセスを
リクエストベースとし、ユーザーの承認なくアクセスされることを防ぐ
ことができる。Googleの担当者が理由とともに提出したリクエストは
メールとCloud Pub/Subで通知でき、コンソールやAPIを利用してアク
セスの承認や拒否が行える。

　承認に関するリクエストや承認／拒否は全て監査ログとして出力され
るため、リクエストや承認された日時など詳細を後で確認できる。

　法対応や停止時の復旧など、Access ApprovalをバイパスしてGoogle
の担当者がユーザーのコンテンツにアクセスする方法は存在するため、
詳細はGoogle Cloudの公式なドキュメントを確認していただきたい。
Access Approvalをバイパスするアクセスに関しても前述のログは出力
されるため、全アクセスを把握したい場合はAccess Approvalのみに依
存せず、ログの確認が必要となる。

第 11 章

オペレーション

11-1　オペレーションスイートの種類

　オペレーションスイートはシステムを運用するうえで不可欠なツールや機能を統合したサービスである。メトリクスモニタリングやアラート通知などの機能を提供する「Cloud Monitoring」、ログの管理や分析を行う「Cloud Logging」「Cloud Error Reporting」、アプリケーションパフォーマンスモニタリング（APM）機能を担う「Cloud Debugger」「Cloud Trace」「Cloud Profiler」の6つのサービスで構成される（**図表11-1**）。

　以前はStackdriverというブランドで提供されていたが、2020年10月にサービス名称が変更された。Stackdriverブランドの時代はCloud Consoleとは別の画面で利用する機能も存在したが、オペレーションスイートとして全ての機能がCloud Consoleに完全統合されたことでより利用しやすいサービスとなった。第11章ではオペレーションスイートの中核を成すCloud MonitoringとCloud Loggingを中心に、各サービスの特徴と基本的な機能について解説する。

図表11-1　オペレーションスイートを構成するサービス

サービス	概要
Cloud Monitoring	メトリクスモニタリング、ダッシュボード、アラート通知
Cloud Logging	各種ログの収集、分析、管理
Cloud Error Reporting	アプリケーションのエラー収集、分析、アラート通知
Cloud Trace	レイテンシーのサンプリング、パフォーマンスダッシュボード
Cloud Debugger	本番稼働中のコードに対する直接デバック
Cloud Profiler	パフォーマンスサンプリング、リソース使用状況の継続的プロファイリング

11-2　Cloud Monitoring

　Cloud Monitoringは仮想マシンやKubernetesクラスタ、Google Cloud
の各種サービスからメトリクス情報を自動収集し、ダッシュボードを利
用したメトリクスの可視化やアラート通知などを行うモニタリングサー
ビスである（**図表11-2**）。複数のGoogle Cloudプロジェクトやオンプレ
ミス環境、他のパブリッククラウド環境を1つの画面で一元管理でき、

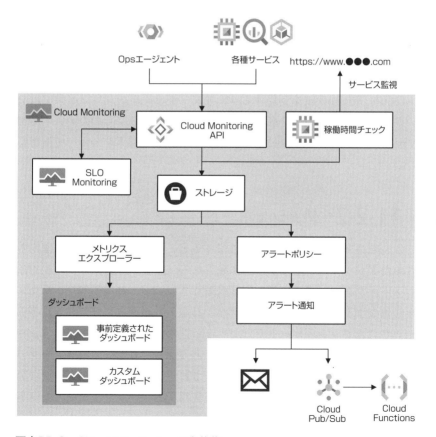

図表11-2　Cloud Monitoringの全体像

275

ハイブリッド／マルチクラウド環境のモニタリングツールとしても利用
できる側面を持っている。

11-2-1　Opsエージェント

　Cloud Monitoring、Cloud Loggingの統合エージェントとして2021年6
月に一般提供された新しいエージェントが「Opsエージェント」である。
OpsエージェントはCloud Native Computing Foundation（CNCF）の
Open Telemetryをベースとしており、サーバーへのインストール作業、
エージェントや監視設定の管理をシンプルにできるという特徴がある。

　旧来のMonitoringエージェントも利用できるが、現在はOpsエージェ
ントの利用が推奨となっており、Linuxの主なディストリビューション
とWindows Serverでの利用がサポートされている。

　Cloud Monitoringを利用するうえでエージェントの利用は必須ではな
いが、より詳細な情報を取得できるメリットがある。そのため、Cloud
Monitoringを利用する際にはOpsエージェントの導入を合わせて検討し
たい。

11-2-2　ダッシュボード

　Google Cloud上でリソースを作成すると、サービスごとに「事前定義
されたダッシュボード」が自動作成される（**図表11-3**）。グラフ化対象
のメトリクスやレイアウトなどは変更できないが、基本的なメトリクス
を最適なグラフや表で表示するダッシュボードが構成されており、事前
定義されたダッシュボードだけでも十分運用が可能である。表示方法や
レイアウトの変更、フィルタリングなどで加工されたメトリクスをグラ
フ表示するなど、高度にカスタマイズされたダッシュボードが必要な場
合には「カスタムダッシュボード」を利用する。サンプルテンプレート
がGitHub上で公開されているので、これらを有効活用することで簡単に
カスタムダッシュボードを作成できる。

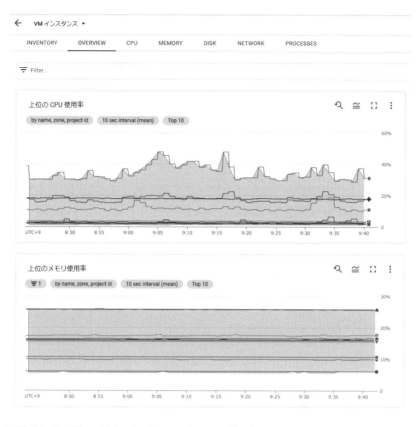

図表11-3　Cloud Monitoringのダッシュボード

11-2-3　アラート通知

　アラート通知を行うには、アラートポリシーを利用してアラート条件を定義する必要がある。アラートポリシーには1つ以上の条件を含めることができ、複数の条件を指定した場合は論理ORもしくは論理ANDのいずれかでアラートがトリガーされる。アラートの通知先はメールのほかに、PagerDuty、Slack（本書執筆時点でベータ版）、Cloud Pub/Sub（同）、Webhookなどがサポートされている。Cloud Pub/SubやWebhook

11

を利用することでアラート通知をトリガーとしたオペレーションの自動化が実現可能である。

11-2-4 SLO Monitoring

SLO Monitoringはサービスレベル目標（SLO）とエラーバジェットに基づいたアラート通知を行う機能であり、GoogleのSite Reliability Engineering（SRE）の原則を機能として取り込んだものである。エラーバジェットを一言でいうと「ユーザーが不満を感じるまでの一定期間に累積できるエラーの量」である。SLOを99.9％とした場合のエラーバジェットは0.1％となり、0.1％までであればエラーが発生してもユーザーは不満なくサービスを利用できるという考え方である。

本書執筆時点ではAnthos Service Mesh、Istio on GKE、App Engineの3つのサービスでサポートされており、これらのサービスのパフォーマンス関連のメトリクスがサービスレベル指標（SLI）として利用できる。本書ではSREについての説明は割愛するが、Google発祥の思想を取り込んだSLO MonitoringはGoogle Cloudらしいの機能の1つといえる。

11-2-5 稼働時間チェック

稼働時間チェックは監視対象のリソースに対してリクエストを送り、正しいレスポンスが返却されるかを確認する機能である（**図表11-4**）。監視対象のリソースには任意のURL、Compute Engineインスタンス、Kubernetes Load Balancer Service、App Engine、Amazon EC2インスタンス、AWS上のロードバランサーがサポートされており、HTTP／HTTPS／任意のTCPポートでリクエストを作成できる。

稼働時間チェックのリクエスト送信元は米国に3カ所、ヨーロッパ、アジア太平洋、南アメリカのそれぞれに1カ所ずつ存在し、少なくとも3カ所のリクエスト送信元を指定する必要がある。

図表11-4　稼働時間チェック

11-3　Cloud Logging

　Cloud Loggingはシステム運用に不可欠なログを収集し、分析や保存、ログ転送などを行うログ管理サービスである（**図表11-5**）。柔軟なログ運用をサポートする機能が充実しており、Cloud Monitoringと同様にオンプレミス環境、他のパブリッククラウド環境上で生成されるログを一元管理することが可能である。サポートするログの種類も多岐にわたり、Google Cloudサービス固有のログ、エージェントやAPIを利用して収集するユーザー作成のログ、Audit Logを含むセキュリティー関連ログなどがある。

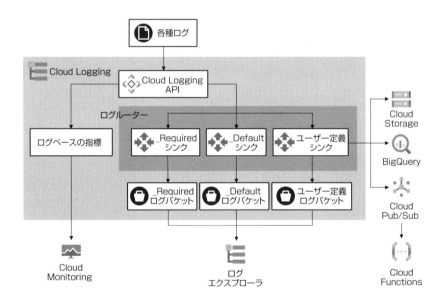

図表11-5　Cloud Loggingの全体像

11-3-1　Opsエージェント

Cloud LoggingもCloud Monitoringと同じくOpsエージェントを利用できる。Opsエージェントのログ転送にはFluent Bitが利用されており、高いスループット性能とOpsエージェントが使用するリソースの効率化を実現している。

11-3-2　ログルーター

Cloud Loggingが受け取るログエントリーは全てログルーターを通過する。ログルーターはCloud Loggingが受け取ったログエントリーをフィルタリングし、任意の宛先に転送するための機能である。宛先はシンクとして指定でき、Cloud Loggingバケット、Cloud Storageバケット、BigQueryデータセット、Cloud Pub/Subトピック、Splunkがサポートされている。

転送先の1つであるCloud LoggingバケットはCloud Loggingのローカルストレージの役割を果たしており、デフォルトで_Requiredと_Defaultの2つのログバケットと、それぞれに対応するシンクが作成されている。_Requiredログバケットには管理アクティビティー監査ログ、システムイベント監査ログ、アクセスの透明性ログが保存され、保存されるログには課金が発生しない。また_Requiredログバケット内のログは400日間保持され、この設定を変更することはできない。

それ以外のログエントリーは_Defaultログバケットに出力され、30日間保持されるようにデフォルトで設定されている。なお、_Defaultログバケットの設定は変更可能である。これ以外にユーザー定義のログバケットを作成でき、組織レイヤーのログを一元管理する場合や、リージョンごとにログを分割する際などの用途に利用できる。

フィルタには、ホワイトリスト方式で転送したいログをフィルタリングする包含フィルタと、ブラックリスト方式で転送対象から除外するログを指定する除外フィルタの2種類が存在する。これらのフィルタは併

11

用することができ、併用した場合は除外フィルタの内容が優先される。

11-3-3　ログエクスプローラ

　ログエクスプローラはCloud Console上で探索的にログを検索する機能
である（**図表11-6**）。Cloud Loggingのクエリー言語を用いた柔軟なロ
グ検索機能をベースに、ヒストグラムを使用したログ分布の可視化、ク
エリーの保存・共有機能などを有している。

　ログエクスプローラはプロジェクトで出力される全てのログエント
リーを表示するようにデフォルト指定されているが、表示するスコープ
をログバケット単位に絞ることができる。例えばリージョン単位のログ
分析を行いたい場合には、リージョンごとのログバケットを作成してお
き、ログエクスプローラで対象のログバケットに表示を絞ることで、ノ
イズのない快適なログ分析が可能となる。

11-3-4　ログベースの指標

　Cloud Monitoringのアラート機能を利用してログ監視アラートを発報
するにはログベースの指標（メトリクス）を利用する。ログベースの指
標には「システム定義のメトリクス」と「ユーザー定義のメトリクス」
の2つが存在する。

図表11-6　ログエクスプローラ

　ユーザー定義のメトリクスを作成する際には、特定のログをフィルタリングするためのフィルタ設定と、メトリクスの種別を決めるための単位を指定できる。メトリクスの種別にはカウンタメトリクスと分布メトリクスの2種類が存在する。カウンタメトリクスはフィルタ条件に合致するログレコード数をカウントするメトリクスであり、分布メトリクスはログ中の数値情報を抽出するメトリクスである。

11

11-4 Cloud Error Reporting

　Cloud Error ReportingはCloud Loggingと統合されたサービスであり、実行中のアプリケーションで発生したエラー情報を収集し、可視化・分析するためのダッシュボードを提供する。

　アプリケーションでエラーが発生すると数秒以内にダッシュボード上に表示するため、発生中のエラーをリアルタイムに確認しながらエラー解消の対応を行える。また根本原因が同じと想定されるエラーについてはCloud Error Reportingが自動的にグルーピングする。重複が排除された状態でダッシュボードに表示する点もCloud Error Reportingの特徴である。

　既知のエラーやたびたび発生する重要度の低いエラーはミュートできるため、対処すべき重大なエラーの原因分析に集中できる。Cloud Error Reportingはアラート通知機能も備えており、即時対応が必要なエラーを検知した際にはメールもしくはモバイルアプリで通知できる。

11-5　Cloud Trace

　ユーザーからのリクエストに対して、複数の独立した機能（アプリケーション）を組み合わせてレスポンスを返すマイクロサービスアーキテクチャーが普及している。マイクロサービスアーキテクチャーでは各アプリケーションの稼働環境が分散しているため、ユーザーからのリクエストをトレースし、レイテンシーなどの情報を収集するには分散トレーシングの仕組みが必要である。

　Cloud Traceはこれを実現する分散トレースサービスであり、ほぼリアルタイムでパフォーマンスに関する情報をダッシュボードとして提供する。分析機能も優れており、レイテンシー情報の分析が自動的に行われるため、時系列やアプリケーションのバージョン間でのパフォーマンス比較を簡単に行える。

　App Engine Standard Environment（SE版）の一部のランタイム、Cloud RunとCloud Functionsの受信リクエストと送信リクエストについては自動的にトレースデータが取得されるため、Cloud Traceを簡単に利用できる。それ以外のサービスでCloud Traceを利用するにはクライアントライブラリを利用する必要がある。Cloud Traceのクライアントライブラリも存在するが、Open Telemetryライブラリをサポートするプログラミング言語が増えてきており、現在はOpen Telemetryライブラリの使用が推奨である。

11

11-6　Cloud Debugger

　Cloud Debuggerは本番稼働中のアプリケーションの動作に影響を与えることなく、ソースコードのデバッグを行えるデバッグサービスである。これまでは本番環境のソースコードをデバッグするには、検証環境などの別環境にてバグを再現し、デバッグ用のログ出力を追加したコードをリビルドし、コードをステップ実行しながらログを詳細に分析する必要があった。Cloud Debuggerを利用すると、ソースコードをCloud Consoleの画面上で参照しながらアドホックにブレークポイントを設定し、ある時点における変数の値を参照することが可能となり、バグの発見や別環境での問題再現にかかる負荷を大幅に軽減できる。

11-7　Cloud Profiler

　Cloud ProfilerはコードごとのCPU実行時間やヒープ使用率を収集し、パフォーマンスの良くないコードを分析するための継続的プロファイリングツールである。Cloud Profilerを使用することでアプリケーションにおけるボトルネック箇所を可視化できるため、パフォーマンス改善のために改修すべきソースコードを特定できる。

　Cloud Profilerはプログラミング言語ごとに用意されたプロファイリングエージェントをアプリケーション稼働環境にインストールする必要があるが、エージェントがアプリケーションのパフォーマンスに影響を与えないように最適化されているため、ごくわずかなオーバーヘッドでパフォーマンス情報の収集、分析を行うことができる点が大きな特徴である。プロファイリング対象はCPUの実行時間やヒープ使用率などがあり、Profilerインターフェースで確認できる。

11

第 12 章

その他のサービス

エンタープライズシステムにとって有用なGoogle Cloudのサービスは、第11章までに紹介してきたものだけではない。第12章では、Google Cloudが「マルチクラウド」「APIのビジネス化」「誰もがデータ活用」といった重要なコンセプトのもとでラインアップしている特徴的なサービスを紹介する。

12-1 Anthos

12-1-1 Anthosのコンセプト

Anthosはハイブリッド・マルチクラウドのアプリケーションプラットフォームだ。Anthosを導入すると、第2章で紹介したGoogle Kubernetes Engine（GKE）と同様のKubernetesのコンテナクラスタを、オンプレミス環境のサーバーや他のパブリッククラウド上に構築できる。

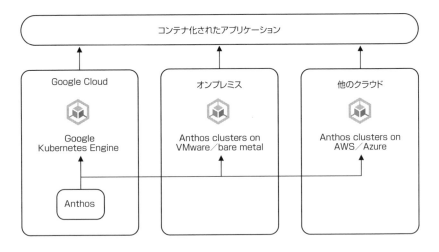

図表12-1　Anthosの概念

さらに、この複数のクラスタを単一のコントロールプレーンで制御できるため、Google Cloud・オンプレミス・他クラウドにまたがって統合されたアプリケーションプラットフォームとして運用できる（**図表12-1**）。

12-1-2 Anthosのユースケース

「適材適所で優れたクラウドを利用する」という意味でのマルチクラウドは既に浸透しているが、Anthosは「複数のクラウドを1つのインフラのように利用する」という意味でのマルチクラウドを実現できる画期的なサービスである。

Anthosは、Google Cloud自身のサービスをマルチクラウドで提供することにも使用されている。例えば第7章で紹介した「BigQuery Omni」は、AWSやAzureのインフラ上にGoogle CloudがAnthosクラスタを構築することで、その上にBigQueryのアーキテクチャーを再現し、クラウド横断で利用できるDWHサービスを実現している。

このように単一のシステムをマルチクラウドで運用することは現状では一般的ではなく、Google Cloudらしい先駆的なユースケースといえる。「特定クラウドへの技術的な依存（ロックイン）を回避したい」「大規模障害に備えて複数クラウドに分散しておきたい」といったニーズから、今後導入が増えていくことが予想される。

Anthosは「既存資産でアプリケーションモダナイズに取り組める」サービスでもある。多くの企業がオンプレミス環境にVMwareの仮想化基盤を保有しているが、その環境にAnthosクラスタを構築することでGoogle Cloudと同様のKubernetes環境を再現できる。企業は、ワークロードをクラウドへ移行せずに既存のインフラ資産を有効活用してアプリケーションのコンテナ化を進めることができ、将来的にはそれをクラウド上へスムーズに移行することもできる。

12-1-3　Anthosの主な機能

Anthosの主要な機能を**図表12-2**に示す。対応するインフラ環境の選択肢は多様であり、移行を支援するサービスも提供されている。

Anthosは2018年に先行発表された「GKE on Prem」を基に2019年に正式発表され、本書執筆時点では国内のエンタープライズでも複数の活用事例が共有されている。Google発のコンテナプラットフォームであるKubernetesがデファクトとして普及が進んでいることからも、その発展形・応用形であるAnthosのコンセプトには次期ITインフラ標準技術としての可能性が感じられる。

図表12-2　Anthosの主要な機能

機能	説明
Anthos Cluster	Google Cloud、オンプレミス、他のパブリッククラウド上でKubernetesクラスターを構築し、連携して稼働する。本書執筆時点で以下のラインアップが提供されているGoogle Cloud (GKE)、Anthos clusters on VMware、Anthos clusters on bare metal、Anthos clusters on AWS、Anthos clusters on Azure
Anthos Config Management	Anthosで構築した複数のコンテナクラスタの構成とポリシーを共通的に管理するためのサービス。Policy Controller（クラスタに対して制約を定義してポリシーを順守させる）、Config Controller(AnthosリソースとGoogle Cloudリソースのプロビジョニングと連携を行う)、Config Sync（構成やポリシーを複数のクラスタに対して共通的に適用する）の3つのコンポーネントから成る
Anthos Service Mesh	オープンソースソフトのサービスメッシュツールであるIstioを活用し、クラスタ間のトラフィック管理と監視、通信のセキュリティー保護を行う
Migrate for Anthos	仮想マシンベースのワークロードをAnthosのコンテナに変換する。Google Cloud (Compute Engine)、VMware、AWS、Azureのワークロードを変換できる
Cloud Run for Anthos	Google CloudによるマネージドサービスであるCloud Runと同じサーバーレス基盤を、Anthos上で稼働させるサービス。Cloud Runを支えているオープンソースソフトのサーバーレス基盤であるKnativeをAnthosクラスタ上で稼働させることで、ハイブリッド環境やマルチクラウド環境でサーバーレスアプリケーションを運用できる

出所:Google Cloudの公式ページを参考に著者作成、https://cloud.google.com/anthos/docs/concepts/overview

12-2　Apigee

12-2-1　Apigeeのコンセプト

　ApigeeはAPIマネジメントプラットフォームサービスである。もともとAPIマネジメントの分野で業界をリードしていた米ApigeeをGoogleが2016年に買収し、Google Cloudのラインアップに取り込んだものであり、2021年にはGoogle Cloudネイティブなアーキテクチャーに刷新している。

　ApigeeはAPI Proxy（ゲートウエイ機能）を実装する基本的な機能に加えて、APIの使用状況を監視・分析してレポーティングする機能や、APIの課金を管理する機能などを提供している（**図表12-3**）。また、APIを利用したアプリケーションの開発者（Developer）向けのポータルを作成でき、API利用者を支援して利用を拡大し、APIを収益化していくことができる。

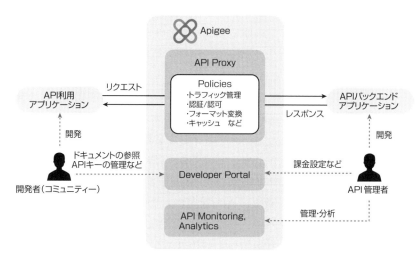

図表12-3　Apigeeの概念

このように、 Apigeeは単純にAPIを構築・運用するためだけの製品ではなく、 APIをビジネス活用するうえでの課題解決に焦点を当てて総合的にサポートするプラットフォームサービスである。

なお、 Google CloudにはApigee以外にもAPI管理のサービスとして「Cloud Endpoint」やその後継の「Cloud API Gateway」が存在する。APIのゲートウエイ機能を提供するという点ではApigeeと同様だが、これらはGoogle Cloud上にあるバックエンドアプリケーションをAPI化するための機能に特化したサービスである。他のクラウドやISVの製品についても同様だが、 APIマネジメントの分野では製品によってAPIライフサイクルに対するカバー範囲が異なるものが混在しているため、選定の際には注意したい。

12-2-2　Apigeeのユースケース

前述の通り、 ApigeeはAPIのビジネス活用を強く意識したサービスであるため、最も代表的な活用パターンはAPIによるエコシステムの構築である。自社ビジネスのサービスやデータをAPIとして外部に提供し、利用に対して課金できる。また前述のDeveloper Portalを使ってAPIを利用するアプリケーションの開発者に対するサポートを提供できる。監視・分析機能を利用して利用頻度の高いAPIを見極め、サービス開発の投資先を見極めるといったことも可能となる。

APIを直接外部に提供する場合に限らずとも、自社内のITサービスをモダナイゼーションする目的にApigeeを活用することもできる。長い年月をかけて個々に作り込んだバックエンドの業務サービス群は、 API化されていたとしても仕様が乱立していたり、社内の利用手続きがバラバラになっていたりと、効率的な活用ができていないケースが多い。Apigeeを導入することで新たにAPI管理レイヤーを設けて接続先を一本化し、リクエストパラメーターを標準化したり、利用者ポータルを提供したりすることでAPIを利用しやすい社内プラットフォームを整備できる。

　DXに向けて新規に開発した顧客向けサービスの付加価値を高めるために、後から自社の核となるサービスとの連携が必要になるケースは多く、こうした既存ITサービス資産のAPI化のニーズは今後ますます増大していくと思われる。自社内ITサービスのAPI化と同様に、自社内でデータを蓄積・分析するプラットフォームを構築した際に、そのデータ利用を円滑に広めるためにデータアクセスをAPI化して一元管理するという用途でも用いることができる。

12-2-3　Apigeeの提供形態

　従来、主な提供形態は独立SaaS型の「Apigee Edge Cloud」であったが、2021年にGoogle Cloudネイティブなアーキテクチャーに刷新された後継サービスである「Apigee X（アピジーエックス）」がリリースされている。ハイブリッド／マルチクラウドのインフラ環境上で運用する「Apigee hybrid」という形態も用意されている。

　Apigee hybrid は、Anthosを使ってオンプレミス環境やAWS・Azureなどのマルチクラウド上で運用できるメリットを持つ。ただしユーザー自身でRuntime（APIゲートウエイ機能部分）をインストールして管理する必要があり、構築・運用の難易度が比較的高い。

　一方のApigee XはGoogleによるマネージドサービスであり、容易に導入できる。Apigee Xは、Googleが管理するプロジェクトのVPC内にプロビジョニングされ、ユーザーは自身のVPCからVPCネットワークピアリングを介してリクエストやレスポンスをやり取りする（**図表12-4**）。

　Apigee XはGoogle Cloudのネイティブサービスとなったことで、他のGoogle Cloud機能と直接連携できるメリットがある。例えば、Cloud CDNと連携してパフォーマンスを向上させたり、Cloud Armorと連携してAPIセキュリティーを強化したりすることが可能である。

　さらに、Google CloudのAI／ML技術を応用することで、インテリジェントなAPIの運用や保護の機能を加えていくことが予告されている。例えば、レイテンシーやエラー率の急増などの異常を自律的に検知した

12

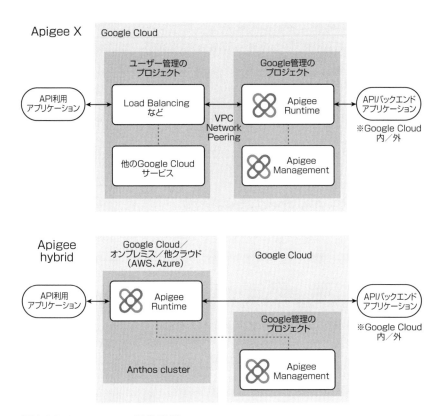

図表12-4 Apigeeの提供形態

り、トラフィックのピーク時期を予想したりといった機能が今後追加されていくことが期待できる。

12-2-4 Apigeeのサブスクリプション

　Apigeeは一般的なGoogle Cloudのサービスとは異なり、サブスクリプション形式で提供される。サブスクリプションは3段階に分かれており、1年間当たりのAPIコール数を中心に、各種の利用量や可用性レベル、利用できるオプション機能などが異なっている（**図表12-5**）。企業の中核

図表12-5 Apigeeのサブスクリプション種別

	Standard	Enterprise	Enterprise Plus
APIコール数（年間）	1.8億回	12億回	120億回
データ転送量（年間）	1TiB	10TiB	150TiB
アナリティクスレポートの保持期間	30日	3カ月	14カ月
RuntimeのSLA	99%	99.9%（単一リージョンの場合） 99.99%（2つ以上のリージョンの場合）	
Developer Portal	含まれる		
API Monitoring	含まれる		
収益化機能アドオン	購入可能		
ハイブリッド利用	不可	可	

（出所:Google Cloudの公式ページを基に著者作成、https://cloud.google.com/apigee/docs/api-platform/reference/subscription-entitlements）

サービスの本番環境で使用するならば、特にSLAの観点からEnterprise以上が推奨される。

12-3 Looker

12-3-1 Lookerのコンセプト

　Lookerは、データプラットフォームサービスである。2012年創業の米Lookerを2019年にGoogleが買収し、Google Cloudのラインアップに取り込んだ。

　Lookerはデータアナリストに限らず企業内のあらゆるチームや個人が必要なデータを取得して活用できるようにすることを目指している。一般的にはビジネスインテリジェンス（BI）製品に分類されるが、従来の

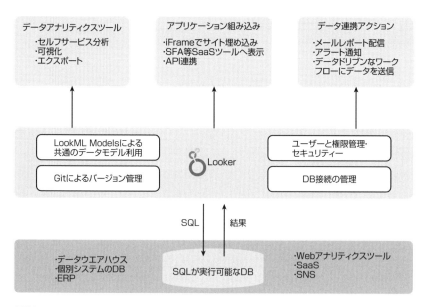

出所:Google Cloudの公式サイトの図を基に著者作成、https://ja.looker.com/platform/overview

図表12-6　Lookerの概念

BI製品がデータの「分析・可視化」に特化しているのに対し、Lookerは
その前工程である「データモデルの定義」と、後工程である「データ活
用のための外部連携」、さらにその全般にわたる「統制・セキュリティー」
までカバーしているのが大きな特徴である。そのカバー範囲の違いから
次世代BIとも呼ばれている。

Lookerでは「LookML（ルックエムエル）」というモデリング言語で
データの説明軸や集計値といった指標を定義できる。このLookMLモデ
ルからSQLを自動生成してデータソースからデータを取得するため、
データ分析をしたい個々のユーザーはSQLの知識を持たなくてもモデル
を使ってデータの探索や活用を行える。

このLookMLモデルはGitリポジトリでバージョン管理され、企業内で
共有して効率的に再利用できる。また、データアクセス制御の仕組みを
備えており、ユーザーのアトリビュートに応じてデータを行や列ごとに
フィルタしたりマスクしたりできる。さらに、モデル・グループ・ロール
ごとにユーザーのアクセス権限を定義・管理することで、データアクセ
スのガバナンスを確保できる（**図表12-6中段**）。

LookerはDWHなどのデータソースに格納されたデータをLooker自身
に保持せず、SQLクエリーを発行して取得する。このためLookerのため
の大規模ストレージ基盤構築やデータのマイグレーションは不要で導入
しやすいだけでなく、エンタープライズシステムで散在しがちな多数の
データ基盤をデータ活用の観点から仮想的に統合する効果も得られる
（図表12-6下段）。このアーキテクチャーは、クエリー処理には既存の
データウエアハウスなどの性能をそのまま生かすことができ、BI基盤が
性能のボトルネックにならないメリットがある。ただし性能の低いデー
タウエアハウスを使用していたり、非効率なフルスキャンを実行したり
すると性能上の問題が生じるので注意が必要だ。

データの分析・活用面においては、ユーザー自身で分析やレポート作
成ができる「セルフサービスBI」としての機能を備えている。また、
Lookerの画面を自社ポータルサイトやSalesforceなどの業務アプリケー
ションに組み込んで表示し、より多くの社員が従来の業務フローの中で

データを活用できるようにすることが可能である。さらに、Looker
Actionという外部サービス連携機能を使用することができ、例えばSlack
に連携してメッセージを送ったり、JIRAで課題チケットを作成したりと
いったことができる（図表12-6上段）。

12-3-2　Lookerのユースケース

　企業内で多数の部門へデータの提供を始めると、データの置き場や
データモデルが増加・サイロ化していくことが多い。この状態は、利用
者が目的に合ったデータを見つけづらいばかりか、管理が行き届かなく
なり適切なデータセキュリティーが担保できなくなるという観点でも問
題が多い。

　Lookerを導入することで、ユーザーは企業内のあらゆるデータを取得
するハブとしての環境を作ることができる。さらにこの環境に前述のよ
うなモデル定義やアクセス制御の仕組みが備わっているため、データの
統制と活用を単一の環境でコントロールできるようになる。

　このように、Lookerは企業のデータ活用を促進しつつ統制を保つため
の「データマネジメントプラットフォーム」としての利用価値が大きい。

　従来の企業のデータ活用では、SQLによるデータ抽出ができるのが少
数のデータアナリストに限られており、利用者から依頼を受けてデータ
を都度抽出、提供しているというケースが多い。Lookerを導入すること
は、このデータアナリストによる抽出業務をモデル定義という形で多く
のユーザーが再利用可能なリソースにしていき、マンパワーに頼った
サービスをソフトウエア化してスケールできるようにすることを意味す
る。このように、データ分析のボトルネックを解消するという観点から
Lookerを活用することもできる。

12-3-3　Lookerのその他の機能・サービス

ここまでLookerの基本的な機能を解説した。それら以外のLookerの主

な機能や関連サービスの一部を紹介する。

　まず「Looker Blocks」だ。これは、LookMLモデルのテンプレート群である。Looker Blocksは6種類に分かれている。分析のベストプラクティスである「Analytics blocks」、Salesforceなどのサードパーティーのデータソースを分析する「Source blocks」、モデル化されたパブリックデータである「Data blocks」、特定のデータ分析テクニックを実装した「Data tool blocks」、クエリー結果を可視化する「Viz blocks」、アプリケーションにデータを埋め込む「Embedded blocks」だ。

　次は「Looker Extension Framework」。Looker上で動作するJavaScriptアプリケーションを開発するフレームワークである。データを活用したアプリケーションの開発において、LookerのAPIを利用したり、アクセス制御を使用したりすることが容易になる。

　最後はLookerを使った開発者向けポータルサイトの「Developer Portal」だ。Lookerに関するドキュメントやチュートリアルを参照できる。

12

シナリオ
「ハイブリッドクラウドの構築」

13-1 ハイブリッドクラウドの構築シナリオ

第13章ではハイブリッドクラウド環境の構築をテーマに取り上げる。具体的には、Google Cloudでオンライン英会話授業システムを開発して稼働させ、プライベートクラウド環境で稼働している既存システムと連携させる。特にGoogle Cloudのネットワーク設計とIAM設計を中心に解説する。

□シナリオ

A社は首都圏を中心にビジネス英会話教室を運営する教育関連企業である。駅前やオフィス街などに教室を構える立地の良さと質の高いネイティブスピーカーの講師陣を売りに近年急成長を遂げ、生徒数は1万人に上る。急成長の勢いに乗って全国展開を計画しているが、地方で質の高い講師陣を確保するのは難しく足かせになっていた。

そこでA社はPCやスマートフォン、タブレット端末を活用したオンライン英会話サービスを提供し、対面とオンラインの両輪で事業を拡大させる方針を立てた。特にオンライン事業に関しては初年度で全国に1万人、2年後に5万人、3年後に10万人の生徒の獲得を目標に掲げた。この目標に向けて既存システムの構築・運用を担当している外部ベンダーに依頼し、オンライン英会話システムを新たに構築する。

□オンライン英会話サービスの概要

オンライン英会話サービスは社会人が授業を受けやすい通勤前（6:00〜8:00）と帰宅後（18:00〜22:00）の時間帯に、3〜5人の少人数グループ授業を1コマ45分で開講する。生徒はウェブブラウザから専用サイトにアクセスし、オンライン英会話授業の受講、授業の予約、教材のダウンロード、受講履歴の参照を行う。当面は既存の講師陣がオンライン授業も担当するが、事業拡大に向けて海外在住のネイティブスピーカーをオンライン専用講師として早急に雇用する予定である。

13-2　Google Cloud導入時の検討事項

　A社は既存システムをプライベートクラウドで運用している。プライベートクラウドと本社および各教室はA社のWANで接続しており、公式ホームページと授業予約システム用のウェブサーバー（Webサーバー）のみがインターネットから直接アクセス可能だ。

　A社の社員が利用するグループウエア（メール、スケジュール管理、ファイル共有など）やテレビ会議システムも以前はプライベートプラウドで運用していたが、現在はGoogle Workspaceを利用している。Google Workspaceを導入した背景には、WANの帯域ひっ迫と既存システムの利便性に関する不満があった。A社は急成長に伴う社員数・教室数の増加や、テレビ会議を中心としたオンラインでの社内コミュニケーションが増えたことでWANの帯域がひっ迫し、グループウエアやテレビ会議システムの接続不備やパフォーマンス劣化が発生していた。またテレビ会議システムは専用機器が必要で使いにくいといった声が上がっていた。

　そこで利便性に優れたクラウド型グループウエアを導入し、各拠点からグループウエアへのアクセスはWANを経由しない「ローカルブレークアウト」方式を採用することで、WANの帯域ひっ迫を解消しようと考えた。グループウエア製品を比較検討した結果、共同編集などのコラボレーション機能に優れたGoogle Workspaceを採用することに決め、移行を実施した。現在のプライベートクラウド、各拠点およびGoogle Workspaceの全体構成は**図表13-1**の通りである。

　A社はGoogle Workspaceへの移行を成功させたことで、優れた製品や機能を迅速に利用でき、かつインフラの運用負荷を軽減できるパブリッククラウドに魅力を感じた。グループウエア以外でも、オンライン英会話システムを皮切りにパブリッククラウドの利用を推進・拡大したいと考えた。そこでパブリッククラウドベンダーを比較したうえで、Google Workspaceと親和性の高いGoogle Cloudを採用することに決めた。

　しかしこれまでパブリッククラウドを利用したことがなかったため、

13

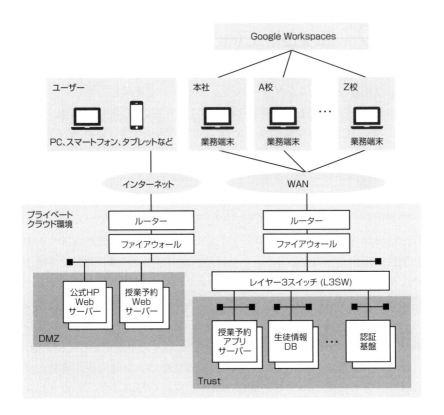

図13-1 プライベートクラウドとWANの構成

セキュリティー全般に漠然とした不安を抱えている。そのため、個人情報が含まれる生徒情報は現行通りプライベートクラウドで管理し、利便性や開発効率が多少下がったとしてもネットワークやIAMは安全第一の設計にしたいと考えている。

13-2-1 ネットワーク構成

　A社のプライベートクラウドではファイアウォールを利用した境界型のネットワークアクセス制御を行っている。Webサーバーはインター

ネットから直接アクセスできるDMZ領域、それ以外のサーバーはインターネットと直接通信できないTrust領域に配置し、 DMZ領域からTrust領域への通信は必要最低限のIPアドレスとポートのみを許可している。

　オンライン英会話システムでも外部からの直接アクセスはWebサーバーに限定したいと考えているが、サブネット構成はGoogle Cloudの仕様を考慮した最適な設計にしたいと考えている。プライベートクラウドのTrust領域で稼働する生徒情報DBおよび認証基盤はインターネットから直接アクセスできないため、 VPNや専用線を利用した安全なネットワーク接続を行う必要がある。また、ウェブアプリケーションに潜在しやすい脆弱性をランキングした「OWASP Top 10」に掲載されているリスクへの対策は必須と考えている。

13-2-2　役割分担

　A社には情報システム部門があるが、人員が少ないこともありアプリケーションベンダーとインフラベンダーに既存システムの構築・運用をアウトソースしている。どちらのベンダーもGoogle Cloudの経験は浅いものの、仮想マシン中心のアーキテクチャーであればシステム構築および運用の実績があったため、オンライン英会話システムもアプリケーションの構築および運用をアプリケーションベンダーに、インフラの構築および運用をインフラベンダーにそれぞれ依頼することとした。

　Google Cloudの契約や請求代行はどちらのベンダーも請け負っていない。そのため、 Google Cloudの契約、請求情報の管理はA社の情報システム部門が担当する。オンライン英会話サービスで使う教材はA社の教材製作部門が制作を担うため、業務効率を考慮してオンライン英会話システムへのアップロードもA社の教材製作部門が実施することとした。

　これらの役割分担をIAMの権限設計に落とし込む必要がある。ただしIAMの設計は安全第一にしたいという方針があるため、各ベンダーや教材製作部門の担当者には役割分担に則った必要最低限の権限のみを付与

13

し、自ら権限変更ができないようにしたいと考えている。この考えに基づき、IAMの管理はA社の情報システム部門が担当する。

13-3　システムアーキテクチャー

　仮想マシンを中心に検討したオンライン英会話システムのアーキテクチャーは**図表13-2**の通りである。

　Webサーバーとアプリケーションサーバー（APサーバー）にはCompute Engineを、生徒情報以外を格納するデータベースはCloud SQLを、教材やWebページに表示する静的コンテンツの格納用ストレージはCloud Storageをそれぞれ利用する。Webサーバーの前段には外部HTTP（S）Load Balancing（以下、外部HTTP（S）LB）を、WebサーバーとAPサーバーの間には内部TCP Load Balancing（以下内部TCP LB）をそれぞれ配置して負荷分散を行う。このうち外部HTTP（S）LBにはウェブアプリケーションのセキュリティー対策のためにCloud Armorを適用し、OWASP Top 10に掲載されているリスクへの対策を行う。

　静的コンテンツの配信レスポンス向上とCloud Storageへのアクセス回数削減を目的として、Cloud CDNを有効化する。ユーザー認証はプライベートクラウド環境で稼働する認証基盤を利用し、生徒情報はプライベートクラウド環境で稼働する生徒情報DBで管理する。

13

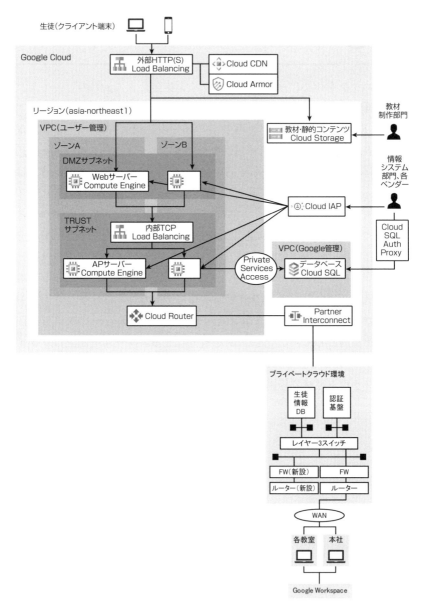

図表13-2　システムアーキテクチャー

13-4　ネットワーク設計

ここからはGoogle Cloudのネットワーク設計の基本であるサブネット分割の考え方、VPC内部およびVPC外部との接続方法および通信制御について解説する。

▍13-4-1　サブネット構成

Google Cloudのサブネットには、他のパブリッククラウドでいう「パブリックサブネット」や「プライベートサブネット」といった考え方が基本的に存在しない。ただしCloud VPNやCloud Interconnectを利用した外部接続を利用する場合は、アクセス制御のためにサブネットを分割することがある。Cloud VPN やCloud Interconnectを利用した外部接続を利用する場合、VPCから接続先に広報するルーティング情報はIPアドレス範囲で指定できるため、通信を許可するサブネットのIPアドレス範囲のみを広報することで、後述するファイアウオール（FW）ルールの設定によらずサブネット単位での通信制御が可能となる。

今回プライベートクラウド環境と通信するのはAPサーバーのみであり、 Webサーバーからの直接アクセスは禁止したいと考えている。そのためプライベートクラウド環境のネットワーク構成を踏襲して、 Webサーバーを配置するDMZサブネット、APサーバーを配置するTrustサブネットの2つにサブネットを分割し、プライベートクラウド環境への接続はTrustサブネットのみを許可する構成とした。

▍13-4-2　接続方法

VPCを利用する場合、通信は（1）VPC内部の通信、（2）インターネットとの接続、（3）プライベートクラウドとの接続、（4）VPC外のGoogle Cloudサービスとの接続の4つに分類できる。このうち（2）～（4）では

VPCの内部と外部で通信する。

　(1) VPC内部の通信においては、同一サブネット内／サブネット間によらず接続方法の検討は不要だ。一方、VPCの内部と外部で通信する (2)〜(4) のケースでは、Google Cloudが提供する接続方法から最適なものを選択する必要がある。ここでは (2)〜(4) の通信における接続方法の選択ポイントを解説する。

(2) インターネットとの接続

　インターネットと通信を行うには、Google Cloud側にグローバルIPを用意する必要がある。最も簡易的な方法として、Compute Engineインスタンスなど VPC内のリソースにグローバルIPを直接付与するものがある。この方法は簡単に利用できる半面、インターネットからVPC内のリソースに対して直接アクセスが可能となるため、セキュリティーの観点から推奨できない。そのため、VPC内のリソースはプライベートIPのみで構成し、インターネットからのインバウンド通信には外部LBを、インターネットへのアウトバウンド通信にはCloud NATをそれぞれ利用することを推奨する。

　今回はVPCからインターネットへのアウトバウンド通信は不要で、生徒や講師の端末からWebサーバーに対するHTTP (S) のインバウンド通信が必要となる。そのため、数種類ある外部LBの中から最適なサービスを選択する必要がある。

　外部LBにはHTTP (S) 通信に特化した外部HTTP (S) LBが用意されており、クライアント証明書の利用など特殊な要件がない限りは、HTTP (S) 通信には外部HTTP (S) LBを利用するのが一般的である。今回はクライアント証明書の利用など特殊な要件は存在しないため、外部HTTP (S) LBを採用することとした。

(3) プライベートクラウドとの接続

　VPCとプライベートクラウドを接続する方法は第5章でも説明した通り、Cloud VPN、Partner Interconnect、Dedicated Interconnectの3種

類がある。A社は今後Google Cloudの利用を推進・拡大したいと考えているため、利用が拡大した場合でも十分な帯域が確保できる方法で、かつコストが低い方法を選択したいと考えている。

Cloud VPNの帯域は上りと下りの合計で3Gbpsまでサポートされており、それ以上の帯域を必要とする場合はPartner InterconnectとDedicated Interconnectのいずれかを利用する必要がある。オンライン英会話システムと生徒情報DBおよび認証基盤との通信では大量のデータ転送は発生しないものの、今後の利用拡大を見据えると3Gbpsの帯域では不安があった。そのためPartner InterconnectとDedicated Interconnectのいずれかを利用する方針でコストを比較した。

Dedicated InterconnectはPartner Interconnectに比べて回線費用も高額で、NW機器の手配などにもコストがかかる。そこで今回はPartner Interconnectを用いた接続方式を採用することとした。

(4) VPC外のGoogle Cloudサービスとの接続

VPC内のリソースと通信するVPC外部のGoogle CloudサービスにCloud SQLがある。Cloud SQLへの接続方法は複数提供されており、要件に適する接続方法を選択する必要がある。今回は（1）APサーバーからの接続、（2）アプリケーションベンダーおよびインフラベンダーの開発拠点からの接続という2種類の接続が必要になる。

APサーバーはCloud SQLと同一プロジェクトのVPC上に構築するため、APサーバーからの接続はプライベートIPを利用し、Google Cloudのプライベートネットワークに閉じた接続が可能なPrivate Services Accessを利用することとした。

各ベンダーの開発拠点とユーザー管理のVPCはCloud VPNやCloud Interconnectでは接続しないため、APサーバーと同じ方法を利用できず、各ベンダーの開発拠点からCloud SQLへのアクセスはインターネットを経由する必要がある。インターネット経由でアクセスする場合は、許可された人（Googleアカウント）からのアクセスに限定することが重要だ。そこで、Cloud SQLにアクセス可能なGoogleアカウントをIAM権

13

限で制御し、許可されたGoogleアカウントからのアクセスのみを許可できるCloud SQL Auth Proxyを利用することとした。

13-4-3 ネットワーク通信制御

通信制御はFWルールを利用する。ここではFWルールの設計ポイントについて解説する。

□共通の設計方針

FWルールは通信制御のルール（許可／拒否、通信元／通信先、通信プロトコルなど）と、ルールの適用対象となるタグもしくはサービスアカウントを指定する仕組みだ。タグはサーバーの役割ごとに作成することで、アプリケーションの処理フロー（通信元／通信先、通信プロトコルなど）をそのままルールに落とし込める。そのため今回はサーバーの役割ごとにタグを用意する方針とし、Webサーバー用の「web」タグと、APサーバー用の「apl」タグを用意することとした。

第5章で解説した通り、アウトバウンド通信を全て許可する暗黙のFWルールがデフォルトで存在する。そのため、推奨設定に従い全てのアウトバウンド通信を拒否するFWルールを初めに設定し、必要な通信を明示的に許可する方針とした。

□VPC内部の通信

VPC内部の通信では、Webサーバーから内部TCP LBを経由したAPサーバーへの通信が発生する。そのためWebサーバーに適用するFWルールで、内部TCP LBのフロントエンドに割り当てられるIPアドレスに対してアウトバウンド通信を許可する必要がある。APサーバーに適用するFWルールについては、Webサーバーからのインバウンド通信と、内部TCP LBのヘルスチェックシステムが使用するIPアドレスからのインバウンド通信をそれぞれ許可する。

VPC内部の通信は、送信元／送信先をサブネットのIPアドレス範囲で

指定することにより設定が簡素化され、運用負荷を軽減はもちろん、MIG（Managed Instance Group）を利用したオートスケーリングを導入する際の設定変更も最小限に抑えることができる。そのため今回はサブネット単位での通信許可とした。

□インターネットとの通信

インターネットとの通信では、生徒や講師の端末から外部HTTP（S）LBを経由したWebサーバーへのインバウンド通信が発生する。Webサーバーはインターネット（0.0.0.0/0）からのインバウンド通信許可は不要で、外部HTTP（S）LBからのインバウンド通信を許可する必要がある。

Compute Engineインスタンスの構築および運用のためのアクセス（SSH接続）は各ベンダーの開発拠点から行う必要があるが、A社のセキュリティーポリシーではインターネット（0.0.0.0/0）からVPC内へのSSH接続を禁止している。そのため今回は、インターネット（0.0.0.0/0）からのSSH接続許可設定が不要で、かつアクセスを許可されたGoogleアカウントからのみSSH接続が可能となるCloud IAPを利用することとした。

Cloud IAPを利用するには、インターネット（0.0.0.0/0）からのSSHインバウンド通信許可の代わりに、Cloud IAPが利用するIPアドレスからのSSHのインバウンド通信を各インスタンスに対して許可する必要がある。

外部HTTP（S）LBはVPCの外に存在するため、アクセス元IPアドレスを制限する場合はCloud Armorが利用できる。今回はインターネット上のどこからでもアクセスが発生する可能性があるため、Cloud Armorを利用したアクセス元IPアドレスの制限は実施しないこととした。

□プライベートクラウド環境との通信

プライベートクラウド環境との通信制御はGoogle Cloud側とプライベートクラウド側の2カ所で行う必要がある。Google Cloud側のFWルールではプライベートクラウド環境に割り当てられているIPアドレス範囲

へのアウトバウンド通信を、プライベートクラウド側のネットワーク機器ではTrustサブネットからの通信をそれぞれ許可する設定とした。

□VPC外のGoogle Cloudサービスとの通信

Private Services Accessを利用してAPサーバーからCloud SQLにアクセスするには、Cloud SQLに割り当てられたプライベートIPアドレス範囲へのアウトバウンド通信を許可する必要がある。Cloud SQL Auth Proxyを利用する場合は、Cloud SQLがユーザー管理のVPC上には存在しないため、ユーザーによるFWルールの設定は不要だ。

これらの通信許可設定を具体的なFWルールとして設定する場合の例は**図表13-3**の通りである。

図表13-3　FWルールの設定例

上り（インバウンド）通信

名前	ターゲット	ソースフィルタ	プロトコル/ポート	説明
allow-lb-access-in	タグ:apl	DMZサブネットのIPアドレス範囲	tcp:8080	Webサーバーから内部TCP LBを経由したアプリサーバーへのアクセス
allow-httplb	タグ:web	外部HTTP（S）LBが利用するIPアドレス範囲（130.211.0.0/22, 35.191.0.0/16）	tcp:80	外部HTTP（S）LBからWebサーバーへのアクセス
allow-tcplb	タグ:apl	内部TCP LBが利用するIPアドレス範囲（130.211.0.0/22, 35.191.0.0/16）	tcp:8080	内部TCP LBからアプリサーバーへのアクセス
allow-cloudiap	All Instances	Cloud IAP（35.235.240.0/20）	tcp:22	Cloud IAPを利用したSSH接続

下り（アウトバウンド）通信

名前	ターゲット	送信先フィルタ	プロトコル/ポート	説明
allow-lb-access-out	タグ:web	TRUSTサブネットのIPアドレス範囲	tcp:8080	Webサーバーから内部TCP LBを経由したアプリサーバーへのアクセス
allow-privatecloud	タグ:apl	プライベートクラウド環境のIPアドレス範囲	システム連携に必要な要件	アプリサーバーからプライベートクラウド環境へのアクセス
allow-cloudsql	タグ:apl	Cloud SQLのIPアドレス範囲	tcp:5432（PostgeSQL）	アプリサーバーからCloud SQLへのアクセス

13

13-5　IAM設計

　最後に、Google CloudのIAM設計の基本であるGoogleアカウントの管理方法とポリシー設計を解説する。

▌13-5-1　アカウント管理

　A社はGoogle Workspaceを利用しており、Googleアカウントの管理、監査ログの取得やセキュリティー関連の設定は情報システム部門が管理している。外部ベンダーが利用するGoogleアカウントについても同じように監査ログの取得やセキュリティー設定を適用したいと考え、社員と同じくGoogle WorkspacesでGoogleアカウントを払い出すこととした。

　IAM管理の負荷を軽減するために、Googleグループも有効活用する。A社の情報システム部門と教材製作部門にはどちらもそれぞれ既存のGoogleグループが存在するため、アプリケーションベンダー用とインフラベンダー用の2つのGoogleグループを新規に作成し、各個人のGoogleアカウントを適切なGoogleグループに所属させた上で、Googleグループ単位でのIAM設定をする方針とした。

▌13-5-2　ポリシー設計

　適切な権限管理をするには、まず各担当者の業務を整理する必要がある。A社の情報システム部門は請求の管理とIAMの管理を担う。またGoogle Cloud上に構築した全てのリソースを操作できる状態が望ましいと考えている。

　インフラベンダーはCompute Engineインスタンス、Cloud SQLインスタンス、各種LB、Cloud Storageバケット、VPCなどのリソース構築および運用を担当する。Compute EngineインスタンスのOSとミドルウエアの初期設定および運用はインフラベンダーが担当するため、Cloud

IAPを利用してCompute Engineインスタンスへの接続も行う。

　アプリケーションベンダーはCompute Engineへのアプリケーション配置および運用、Cloud SQL上のデータベース構築および運用、Cloud Storageへの静的コンテンツのアップロードを行う。教材製作部門はローカル環境で作成した教材をCloud Storage上にアップロードする。

　これらの要件を基に設計したIAM設計を**図表13-4**に示す。なおロールは本書執筆時点のものである。

　インフラベンダーにはGoogle Cloudサービスの管理者相当の事前定義ロールから、リソース削除に関する権限とIAM設定に関する権限を剥奪したカスタムロールを付与している。これはインフラベンダーによる誤操作や意図しない設定変更による本番稼働中のリソース削除や権限変更が発生する可能性を排除するための対応だ。

　アプリケーションベンダーは各種リソースの作成や設定変更は行わないため、Compute Engineへの接続、Cloud SQLへの接続、Cloud Storageへのファイルアップロードを行うための権限を付与している。

　教材製作部門にはプロジェクトレベルの権限を付与せず、Cloud Storageのリソースポリシーで権限を付与する。こうして業務上必要なCloud Storageバケット以外にアクセスできないようにして、別のCloud Storageバケットに対する誤操作を防止する。

　A社の情報システム部門の部門長が管理するGoogleアカウントにオーナーロールを付与しており、こちらのGoogleアカウントは普段利用しない方針とした。

13

図表13-4　業務設計とIAM権限設計

		ロール種別	ロール名
A社情報システム部門（部門長）	――（普段は使用しない管理者用アカウント）	基本	オーナー
A社情報システム部門（担当者）	請求情報の管理	事前定義	Billing Account Administrator
		事前定義	Billing Account Creator
		事前定義	プロジェクトの支払い管理者
	アカウント・権限管理	事前定義	セキュリティー管理者
		事前定義	ロールの管理者
	全サービスに対する管理者相当の操作	事前定義	Compute管理者
		事前定義	Cloud SQL管理者
		事前定義	ストレージ管理者
		事前定義	サービスアカウントユーザー
		事前定義	IAPで保護されたトンネルユーザー
インフラベンダー	Compute Engineインスタンスの構築と管理	カスタム	Computeインスタンス管理者（v1）[※1]
		事前定義	サービスアカウントユーザー
		事前定義	IAPで保護されたトンネルユーザー
	Cloud SQLインスタンスの構築と管理	カスタム	Cloud SQL管理者[※1]
	各種Load Balancingの構築と管理	カスタム	Computeロードバランサー管理者[※1]
	Cloud Storageバケットの構築と管理	カスタム	ストレージ管理者[※1][※2]
	VPC／Partner Interconnect／Cloud Armorの構築と管理	カスタム	Computeネットワーク管理者[※1]
		カスタム	Compute Engineセキュリティー管理者[※1]

図表13-4続く→

アプリベンダー	Compute Engineインスタンスへの接続	事前定義	Compute 閲覧者
		事前定義	サービスアカウントユーザー
		事前定義	IAPで保護されたトンネルユーザー
		カスタム	Computeメタデータ編集者 [3]
	Cloud SQLインスタンスへの接続	事前定義	Cloud SQL閲覧者
		事前定義	Cloud SQLクライアント
	Cloud Storageへの静的コンテンツアップロード	カスタム	Storageオブジェクト管理者 [2]
		カスタム	Storageバケットオブジェクト閲覧者 [4]
A社教材製作部門	Cloud Storageへの教材アップロード	事前定義	Storageオブジェクト管理者 [5]

※1 同名の事前定義ロールから [delete] の付く権限を剥奪したカスタムロール
※2 同名の事前定義ロールから [setlamPolicy] の付く権限を剥奪したカスタムロール
※3 [compute.instances.setMetadata] 権限を付与したカスタムロール
※4 [storage.buckets.get], [storage.buckets.list], [storage.objects.list] 権限を付与したカスタムロール
※5 プロジェクトへの権限付与は実施せず、教材配置用バケットのバケットレベルで権限を付与する

13

第 14 章

シナリオ
「データ分析基盤の構築」

14-1　データ分析基盤の構築シナリオ

　データに基づいて意思決定するための環境としてGoogle Cloudを採用し、Google Cloudとオンプレミスのデータを活用するテーマを取り上げる。特にGoogle Cloudでデータを取り扱う際の基本となるサービスの選定や活用方法を解説する。

□シナリオ

　B社はナショナルブランドの食料品メーカーだ。スーパーマーケットやコンビニエンスストアといった全国の実店舗に商品を流通させているのに加え、自社のウェブサイトやモバイルアプリによって一般消費者向けの直販も手掛ける。近年このオンライン売り上げを伸ばしている。

　B社は既存流通（実店舗）向けの販売部門とは別に、オンラインの販売部門を設けており商品開発機能も一部持たせている。これまでは商品開発やマーケティングにおいて、2つの販売部門が自部門のデータのみを利用し分析していた。しかし近年、消費者の購買行動が短期間で激しく変化していることや、長期にわたって売り上げを伸ばすには消費者の体験が鍵を握っていることが分かってきた。

　さらに、自社のデータだけでは国内や業界の全体像をつかむことが難しいことが分かっているため、社外のデータも合わせて有効活用したいと考えている。

　そこで重要施策の1つとして、オフラインとオンラインのデータ、社外のデータを統合して活用し、顧客の行動や売れ筋商品、マーケティングの効果を分析する方針だ。

　従来、B社は商品開発やオフライン販売、データ分析のシステムはオンプレミスで運用してきた。オンライン販売部門のシステムはGoogle Cloud上で運用しており、Google Analytics 4によって各ウェブアプリケーション（Webアプリケーション）から収集したデータを分析している。

　データ分析は主に専門のデータアナリストが担当しており、特に経営

判断においてデータアナリストの分析結果を利用していた。近年は研究や営業、マーケティングなどの様々な分野で社員がデータを分析して企画、立案することが当たり前となっており、次の課題が挙がっている。

・特にオンプレミスのデータ分析基盤は、多人数がアドホックに分析する想定で設計しておらず、多くの社員が自由に分析できない
・部門やユーザーごとに利用しているツールが異なり、分析ができる社員を社内で再配置しても効率が上がらない
・データ共有に関するセキュリティーや統制を確保できておらず、シャドーデータが存在する

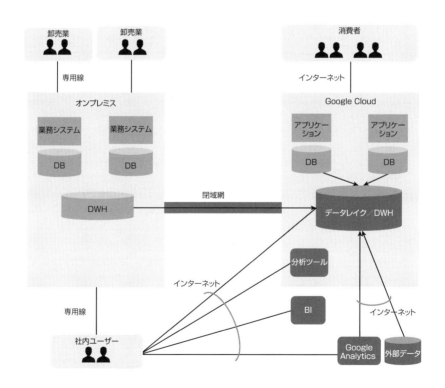

図表14-1　B社が構想したデータ分析基盤。新規構築の範囲の要素を黒の地色で表した

14

・データを共有し公開する仕組みがないためにデータがサイロ化し、信頼できるデータの判断に時間がかかる

　これらの課題を解決すべく、B社はデータ分析関連の製品が充実しているGoogle Cloudにデータ分析基盤を構築することとした。B社が構想するデータ分析基盤のイメージを**図表14-1**に示す。

14-2　データ分析基盤構築のアプローチ

　B社は消費者体験の向上やビジネス拡大に、様々な社内ユーザーが社内外のデータを分析することを不可欠だと捉えているが、データ分析基盤を構築することの妥当性についてまだ確認を取っていない。

　そのため、次のステップでデータ基盤の妥当性を検証しながら環境を整備することとした。

ステップ1：データ収集とSQL分析
社内のオンラインとオフラインおよび社外のデータを収集し、データアナリストがSQLを利用して分析できるようにする

ステップ2：全社利用
社内の全ユーザーがツールを利用してデータを分析できるようにする

ステップ3：業務変革
データに基づいて意思決定やアクションをするように業務を変革する

14

14-3 データ収集とSQL分析

　新データ分析基盤で扱うデータには、顧客情報や商品に関する機密情報が含まれるため、セキュアにデータを蓄積するという要件がある。そこで、まずはデータの蓄積と分析に利用するサービスを決め、次にデータを収集する方法を決定し、最後にセキュリティー設計を整理することとした。初期アーキテクチャーを**図表14-2**に示す。

14-3-1 サービスの選定

　収集するデータについては、既に分析で利用されている在庫関連のデータやオンライン上の行動ログなどのデータもあれば、将来分析に利用する口コミサイトから提供されるユーザーデータや、コールセンターに寄せられる消費者の声を録音したデータなどもある。

　これらのデータを蓄積するには、一般的にデータの格納時にフォーマットやスキーマを定義する「スキーマオンライト」か、格納時にデータをそのまま保存し読み込む際にそれらを定義する「スキーマオンリード」のいずれかを利用する。

　前者のスキーマオンライトは格納時にどのようにデータが利用されるかを理解しておく必要があるが、データの利用は容易だ。一方、後者のスキーマオンリードはデータの格納は容易だが、データを正しく理解していないと利用できなかったり、扱いを誤ったりする可能性がある。

　ストレージが安価になり容易にデータを蓄積できることから、一般に多くの企業がデータレイクにスキーマオンリードを採用して、クラウドのオブジェクトストレージにデータをためるようになった。しかしその85％程度を失敗と評価している外部レポートを基に、B社はやみくもにデータを蓄積するのではなく、使えるデータを蓄積することを目指した。

　そこで、各種マスターやログデータなどの構造化／半構造化のデータは原則としてスキーマオンライトでBigQueryへ保存し、それ以外の画像

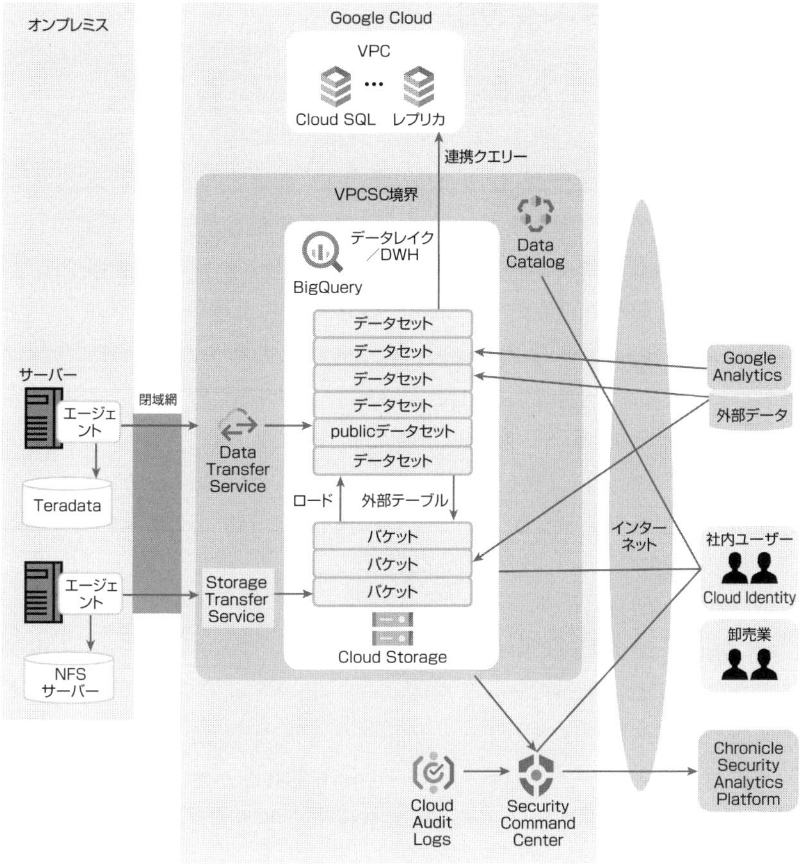

図表14-2　新データ分析基盤の初期アーキテクチャー

や音声などの非構造化データ、外部から連携されるファイルをスキーマオンリードでCloud Storageへ保存することとした。また、データの検索や利用を容易にするため、テクニカルとビジネス両方のメタデータを管理できるData Catalogを採用した。

14-3-2　データ収集

各種データソースに合わせて、次のようにデータを収集する。

□オンプレミスのデータ

オンプレミスのデータは米Teradataの製品を使ったデータウエアハウス（DWH）とNetwork File System（NFS）サーバーに格納してきた。データ分析に関わる全てのデータをこれらに集約していた形だ。

極力シンプルにデータをGoogle Cloudへ収集するため、DWHにはBigQuery Data Transfer Service（DTS）を、NFSサーバーにはStorage Transfer Service（STS）を利用することとした。

DTSもSTSも名称は異なるが、エージェントと呼ばれるソフトウエアを利用してデータソースからデータを抽出し、BigQueryデータセットやCloud Storageバケットにデータを転送する。

□Google Cloud内のデータ

既存のCloud SQLからデータをBigQueryにコピーして利用することも可能だが、リアルタイムのデータが必要な場合には向かない。

そこで、BigQueryの連携クエリーを利用することで、BigQueryのインターフェースから直接Cloud SQLのデータを参照できるようにした。

ただしこの利用方法では柔軟性は上がるものの、Cloud SQLへ想定外の負荷がかかるリスクがある。そこで専用のリードレプリカを用意して性能分離し、定常的に利用するデータはBigQueryのテーブルとして保存するクエリーをスケジューリングすることとした。

既に利用しているCloud StorageバケットやBigQueryデータセットは直接利用することとした。

Cloud Storageのデータを分析で利用する場合は、BigQueryにロードする。頻繁にアクセスする想定がなかったりアドホックに分析したりするデータは、BigQueryの外部テーブルを利用して直接BigQueryから参照することとした。

Cloud StorageからBigQueryへのデータロードについては、定期的にファイルが更新される場合は、DTSを利用して処理を定期実行することで運用をシンプルにした。

□Google Analytics 4

Google Analytics 4はBigQuery Export機能を利用して、BigQueryへ直接データをエクスポートすることとした。オンラインデータの行動分析という性質上、リアルタイムで分析する用途で利用することが多いため、ストリーミングでデータを連携した。

□外部データ

Google Cloudでは200を超えるパブリックなデータがBigQueryのデータセットとして公開されている。必要に応じてこれらを用いてデータを利用しやすいように加工したうえで、社内のデータセットへ保存して社内で活用できるようにする。

それ以外の外部データはBigQueryあるいはCloud Storageへ保存し、前述の方法で利用する。

14-3-3　セキュリティーの設計

利用するCloud StorageとBigQueryに関しては、次のように「予防的統制」と「発見的統制」を実現することとした。

□予防的統制

Cloud Storageはバケットごとに、BigQueryはデータセットごとにそれぞれデータを分離し、どちらも適切なユーザーにIAM権限を付与することでアクセス制御をすることとした。

いずれの権限もCloud Identityでグループを作成してユーザーを集約し、そのグループに対してIAM権限を付与することで設計や運用負荷を軽減した。

14

予防的統制は社員の利便性や迅速性に欠けるため、その欠点を軽減するために全てのCloud StorageバケットやBigQueryデータセットのメタデータを社内のポータルから検索・参照したり、アクセス権を申請したりできるようにした。

Cloud StorageもBigQueryもGoogle CloudのAPIを利用してアクセスするため、VPC Service Controls（VPC-SC）を利用してアクセス元を制御することとした。

アクセス元は社内のユーザーのほか、データの流入元のオンプレミスやGoogle Cloud上のDB、Google Analytics 4、購入データ、データを参照するBIツールとした。

社内ユーザーの接続元として現在利用しているプロキシーのIPアドレスを利用する案も挙がったが、社員の多くがリモートワークや客先から業務を行っており、VPNやプロキシーを利用した際の利便性の低下や内部からの攻撃に対する脅威を考慮し、BeyondCorp Enterpriseを利用してゼロトラスト環境を構築することとした。

□発見的統制

内部犯行やアカウントの漏洩による内部からのデータ漏洩などを考慮し、発見的統制ではアカウントの利用やGoogle Cloud上の設定変更、データアクセスをモニタリングし、異常がないか常時監視することとした。

この実現にあたり、アカウントの利用状況はCloud Identityを、Google Cloudの設定やデータのアクセスはCloud Audit Logsを利用した。

Cloud Audit Logsは組織レベルで有効化することで配下のプロジェクト全てでロギングされるようにし、集約シンクを利用して組織配下の全てのログを統制や監査に関わる一部のユーザーのみ参照可能なプロジェクトのBigQueryへ格納するようにした。

これまではネットワークの境界に当たるVPNやNAT、FWなどのネットワーク機器でログを収集すればよかったが、ゼロトラスト環境に移行するに当たり、接続元のユーザーやデバイス、接続先のサービス、中間

のプロキシーといった様々な箇所でログを収集する必要があった。

　この膨大なログを人手で調査、分析するのは難しかったため、Security Command Center（SCC）プレミアムのEvent Threat Detectionを有効化し、様々な脅威の検知を自動化することとした。

　これまでセキュリティーイベント情報の管理ツール（SIEM）として米Splunkのログ解析ツールを利用していた。このSIEMには、ログを格納するストレージの容量や、検索・分析の処理能力が足りないという問題があった。

　そこで、容量が無制限で高速に検索できるChronicle Security Analytics Platform（Chronicle）を採用し、SCCからログやアセットのメタデータ、検知した脅威に関する情報をChronicleに連携させることで全てのログを蓄積して解析できるようにした。

14

14-4 全社利用

　BigQueryはSQL 2011に準拠しているため、14-3の対応で多くのデータサイエンティストやデータアナリストがデータの処理や分析をできる環境が整備された。ただしB社はSQLに慣れていないユーザーでも、データの処理・分析を直感的に行えるツールが必要だと考え、**図表14-3**の設計とした。

　SQL以外の方法でデータを処理・分析できるようにするため、各部署で利用しているツールを調査した結果、スプレッドシートと、データや処理内容が直感的に分かるGUIが重要であることが分かった。そこでスプレッドシートと直感的なGUIを実現するために、以下の通りツールを選定した。

□スプレッドシート

　B社は各社員のPCにMicrosoft Excelをインストールしている。社員は自分のPCにデータをコピーしてExcelで参照・編集し、会社のファイルサーバーによって共有していた。

　一般的に広く行われている方法ではあるものの、大量のコピーされたファイルが存在し、社員が様々な手を加えたデータが散在することになる。そのためB社では、最新データの所在や処理内容の妥当性などの判断が難しくなっていた。また、社員1人ひとりがデータを編集したあとで共有するため、リアルタイムにコラボレーションしながら業務を行うスタイルに合わなくなってきていた。

　そこでB社はGoogle Workspace（旧G Suite）に含まれるGoogle Sheetsを利用することとした。Google SheetsはExcelと同様のスプレッドシート機能を持ったSaaSで、「Connected Sheets」やドライブデータのクエリーを利用できる。

　Connected SheetsはGoogle SheetsからBigQueryのデータを参照する機能だ。BigQueryと併用することで強力な効果を発揮する。スプレッド

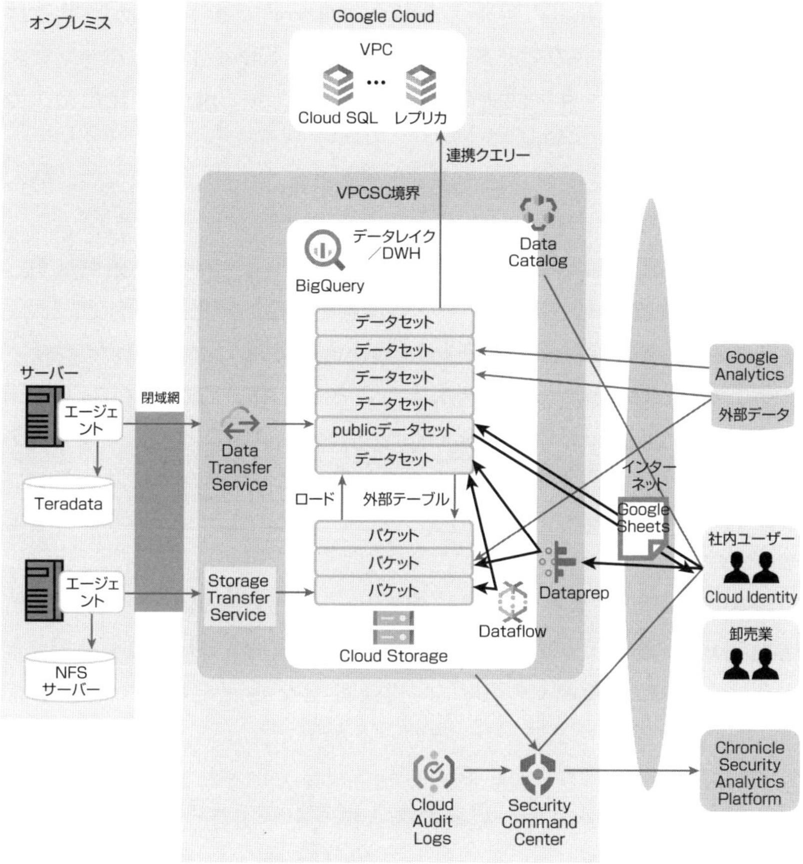

図表14-3　B社データ分析基盤の改良アーキテクチャー。SQLに慣れていないユーザーでも分析可能にした

シートのインターフェースを利用して、BigQueryに格納された何十億行ものデータを分析・可視化できる。

　ドライブデータのクエリーについては、これを利用することで、BigQueryのインターフェースからGoogle Sheetsに格納されたデータをBigQueryで外部テーブルとして参照できる。

　Excelでも専用のコネクタを利用することによって、BigQueryへクエ

リーを発行し、Excelにデータをダウンロードできる。しかしB社は
BigQueryとの双方向のデータ連携や、Google Sheets自体のバージョニ
ングやコラボレーション機能を重視して、Google Sheetsの採用を決め
た。

□直感的なGUI

B社は各部門で様々なツールを利用している。その中で評価が高かっ
たツールの共通点は、GUIでデータの内容を直感的に把握できることと、
データの変換や結合結果をリアルタイムに見られることであった。

そこでB社はDataprepを利用することとした。DataprepはCloud
StorageやBigQueryのほか、SalesforceやMongoDBなどの様々なデータ
ソースを利用でき、各カラムデータの自動可視化や結合、集計、サンプ
リング、様々な変換のAIによるアシスト、処理のスケジューリングなど
が可能だ。

さらにデータを処理する環境として、ほぼ無制限でスケールする
Dataflowや、少量データを処理するためのDataprep実行環境を選択でき
るうえに、BigQueryのSQLへ変換可能な処理を自動で判断して
BigQueryに処理させるプッシュダウンを利用できる。

B社はDataprepについて、直感的かつAIにアシストされた強力なユー
ザーインターフェースや、処理の書き換えを一切行う必要なく様々な
データ量の処理を効率的に処理できる柔軟性を評価した。

14-5　業務変革

　14-4で示したデータ収集の対応により、全社のユーザーがこれまでと
同様のツールでデータを分析できるようになった。加えて、コラボレー
ションを軸としたツールに変更したことにより、データ分析やデータ共
有の効率が大きく上がった。

　一方で、データを分析し、都度その結果を議論するために整理して別
のアクションを取っていく、という業務の進め方は大きく変わらなかっ
た。

　B社は社内のデータ利用状況の分析や社内ユーザーのフィードバック
の結果から、データ分析と、その結果を基にしたアクションが分断され
ていることを新たなる課題と捉え、データを中心とした業務フローを構
築することとし、**図表14-4**の設計とした。

　データ分析とその結論に対するアクションをシームレスに実行できる
ようにするため、データ処理や分析機能、外部サービスとの連携といっ
た、データを利用したワークフローを効率的に実現したいと考えた。加
えて、これまでは過去のデータを基にインサイトを得ることが主だった
が、分析結果をすぐにアクションにつなげるには将来予測が重要だと判
断した。

　そこで次のツールを選定した。

□ワークフロー

　データの分析からアクションのワークフローをシームレスに行えるよ
うにするため、B社は次の特徴を高く評価し、Lookerを採用することと
した。

・データに関するワークフローの支援
　データの探索、閲覧、分析だけでなく、チャート上から連携など
の様々なアクションが可能で、ワークフローを簡素化できる。例え

14

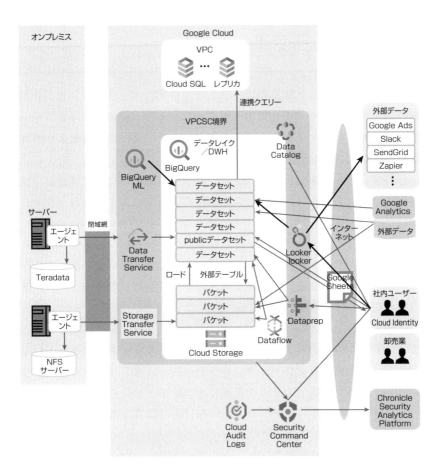

図表14-4 B社データ分析基盤の改良アーキテクチャー。データを中心とした業務フローを実現する

ば、作成したチャート上で特定のユーザーにメールを送ったり、Slackへ共有してディスカッションしたりといったことを容易に実現できる。

・DWH／DBからデータをコピーしない

　Lookerは DWH／DBを直接参照するため、データの移動やコピー

によるセキュリティーリスクが軽減されるのに加え、データのストレージやその運用に関するコストが発生しない。

・詳細なアクセス制御が可能

　Looker自体の操作権限に加え、ユーザーの属性に応じたデータやその中の列・行の参照権限管理、データの匿名化を実現できる。

・外部へのデータ共有

　外部のユーザーへ適切に権限を付与してデータや分析結果を共有できる。

・データ処理の高度化

　強力なDWHの処理能力を最大限活用しつつ、Gitを用いたデータモデリングが可能で、共同作業やバージョン管理ができる。

・ポータビリティー

　接続先のDWH／DBのSQL言語に依存しない、Looker独自の言語でデータモデリングをするため、大きなコストをかけることなく接続先の追加や変更ができる。

　このようにLookerの導入によって、直近の課題となっているデータに関するワークフロー改善以外にも、データマネジメントやデータモデリング、公開などを実現できる。

　社員が利用できるデータをLookerで一元的に整備することでデータのサイロ化を回避し、多くの社員がデータの分析に注力できるようになる半面、Looker独自のデータモデリング言語を利用する必要がある。

　そのためB社は専門のデータエンジニアリングチームを作った上で、次のようなデータに関するスキームを確立した。

　Lookerの導入に当たり、社内ユーザーが利用できるデータをLooker経由のみに制限する案もあったが、特に新しいデータに関してはユーザー

14

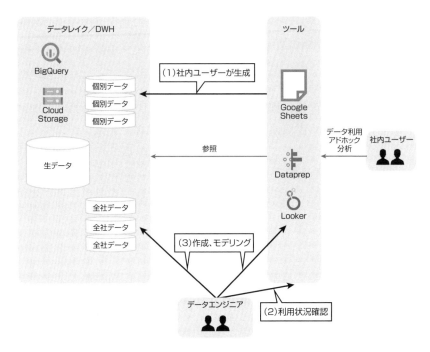

図表14-5　B社が確立した、データに関するスキーム

が様々な観点でトライアンドエラーを高速に行いながら分析することが
重要と捉えており、**図表14-5**のサイクルを高速かつ継続的に繰り返す
こととした。

　図表14-5の「（1）社内ユーザーが生成」では、社内のユーザーが
Looker、 Google Sheets、 Dataprepを用いて新しいデータをアドホック
に分析し、中間データや分析結果を個別データとして生成する。

　「（2）利用状況確認」では、利用状況のデータを分析し、（A）頻繁に
利用されている個別データを全社データとして整備、（B）参照に時間が
かかっているデータの処理改善、（C）参照されなくなったデータの削除
といった対応を検討する。

　2の（A）で全社としてデータを整備すべきと判断されたデータは、「（3）
作成、モデリング」でデータ処理やモデリング、アクセス制御などを行

い、様々な部門で活用しやすいマネジメントされたデータとして整備していく。

2の（B）についてはデータ処理やLookerからの参照方法、キャッシュなどの改善を行い、2の（C）では関連するデータ処理を削除し、各種ツールからの参照を削除していく。

このスキームにより、ユーザーはデータを高速に利用しつつ、利用されているデータのマネジメントや処理の最適化、不要データの削除が定常的に行えるようになり、データ分析基盤自体がデータドリブンに改善し続けることができるようになった。

□将来予測

第8章で解説したように、Google Cloudは学習済みの機械学習モデルを提供するサービス（翻訳のTranslation AIや画像のVision AIなど）や、少量のデータを提供することで効率的にカスタムの機械学習モデルを構築するサービス（動画のAutoML Videoや言語のAutoML Textなど）、ユーザー独自の機械学習モデルを構築するサービス（Vertex AI Training、BigQuery MLなど）を提供している。

B社はデータに関する業務のワークフローをLookerで行うため、Lookerから直接機械学習の予測結果を参照することが重要と考え、BigQuery MLを選択した。BigQuery MLを用いることで、BigQueryのSQLで時系列予測や回帰などの機械学習モデルを作成して予測結果を参照できる。これにより、B社が目的としていた、現状維持した場合の予測や各種アクションを取った際の変動を予測するモデルを作成し、Lookerから直接その予測結果を参照することを可能にした。

BigQuery MLはそれ以外にも多種多様の機械学習モデルをサポートしているため、クラスタリングを利用したセグメント分析の支援や、行列分解を利用した各消費費者へのレコメンデーションを行えるようになった。

14-6　今後の展望

　以上のように、B社は3つのステップでデータ分析を高度化した。同時に、データ分析基盤そのものをデータドリブンで改善し続けられるようになった。データ分析基盤は次のような様々な軸で拡張可能であり、状況や要求に応じて柔軟に進化できるようになっている。

・データソース追加
　オンプレミスや社外のデータをさらに取り込んで活用する

・外部へのデータ公開
　外部のユーザーにLooker経由でデータを公開する

・非構造化データの活用
　音声や画像といった非構造化データを、Vertex AIで構造化して活用する

・機械学習の強化
　Vertex AI Workbenchを利用したアドホック環境を構築したり、Vertex AI PipelinesでMLOpsを実現したりする

シナリオ
「IoT・機械学習システムの構築」

15-1 IoT・機械学習システムの構築シナリオ

　IoTや機械学習を活用する環境としてGoogle Cloudを採用し、クラウドネイティブなアーキテクチャーでシステムを構築する事例をテーマとして取り上げる。特に第15章ではGoogle Cloudでクラウドネイティブなアーキテクチャーを採用する際のサービス選定や活用方法について解説する。

□シナリオ

　C社はドライブレコーダーの開発・製造・販売を行う専業メーカーである。一般車載用の標準モデルをはじめ、オートバイや自転車に搭載する二輪モデル、夜間でも鮮明な映像が撮影できる暗視モード搭載モデル、振動補正機能を備え耐久性に優れた工事車両モデルなど多様な製品ラインアップを誇る。

　近年は提携企業と協業し、新たなビジネスの創出にも積極的に取り組んでいる。現在SIMカードを搭載した通信型ドライブレコーダーを開発しており、並行して本製品を活用した新たなビジネスの検討と専用システムの開発を提携企業と進めている。PoC（概念実証）や実用化に向けた検討が進んでいるプロジェクトは次の通りである。

□損害保険会社とのプロジェクト

　通信型ドライブレコーダーの利用を前提とした新しい保険商品を共同開発する。収集したデータから交通事故のリスクを数値化することで翌年度の保険料の割引率を算出する。交通事故発生時にはオペレーターが動画を確認することで、適切かつ迅速な事故対応を行う。

□タクシー会社とのプロジェクト

　撮影した動画および運転特性データをC社が収集し、機械学習モデルを活用して動画や運転特性データを分析する。分析結果はドライバーの

評価やフィードバック、社内教育に用いる。また運転席にアラート通知用ボタンを設置し、乗客とのトラブルや事件に巻き込まれた際には本部向けにアラートを発報する機能を搭載する。アラートを受領した本部の担当者は、車両情報と車内撮影動画を確認することで、警察に通報したりタクシー無線でドライバーへ適切に指示したりできる。

　C社は市場シェアを獲得するために、製品やサービスを競合他社よりも早く市場に投入することが重要と考えている。今回のPoCや検証はスモールスタートで開始し、大幅な改修をすることなくスムーズに本番導入できるようなアーキテクチャー設計にしたいと考えている。

　そこでC社はパブリッククラウドが提供するサーバーレスサービスやマネージドサービスを積極的に活用することで、インフラの設計や構築、本番リリース時のアーキテクチャーの見直しにかける工数を削減できると考え、パブリッククラウドを採用する方針とした。今回のプロジェクトは機械学習モデルを用いた動画や運転特性データの分析が鍵となるが、現状C社には機械学習に精通した人材が不足している。そのため、機械学習関連のサービスが充実しており、また専門知識がなくても機械学習を利用できるサービスを提供しているGoogle Cloudを採用した。

15

15-2 IoT・機械学習システム構築のアプローチ

　今回のシステムは（1）機械学習を用いた分析、（2）ドライブレコーダーからのデータアップロード、（3）サムネイル生成などのイベントトリガー処理、（4）ウェブアプリケーションという大きく4つの機能で構成されている。これらの機能を実現するためにサーバーレスサービスやマネージドサービスを優先的に採用した。全体構成のイメージは次の通りである（**図表15-1**）。

　ここからは各機能の内容と採用したアーキテクチャーについて、サービス選定のポイントを交えて解説する。

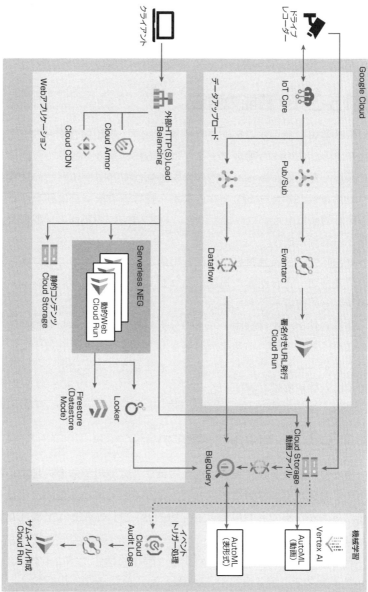

図表15-1 システムの全体構成

15

15-3　機械学習を用いた分析

15-3-1　機能の内容

　機械学習に使用するデータは動画データと運転特性データの2種類が
存在する。このうち動画データにはさらに、車内を撮影した動画と車外
を撮影した動画がある。車内の撮影動画は主にドライバーの居眠り運転
や脇見運転、スマートフォンのながら操作の有無解析に利用する。車外
の撮影動画は走行位置や信号の色、対人・対物・対車両の位置関係、天候
などの解析に使う。

　運転特性データは運転中に測定可能な数値データのことであり、車両
の位置情報、走行距離や速度、急ブレーキや急発進、急ハンドルの発生
回数などの情報が含まれる。

　運転特性データは動画データの分析結果と組み合わせて機械学習モデ
ルにかけることで、交通事故の発生リスク算出などに利用する。また運
転特性データをアドホックに分析するユースケースに備えて、クエリー
を用いた分析機能も提供する。

15-3-2　サービス選定のポイント

　初めに本システムの根幹を成す機械学習に使用するサービスを検討し
た。C社には機械学習に精通した人材が不足しているため、機械学習の
専門知識がなくても利用できる「Vertex AI」のAutoML機能を候補と
した。

　AutoMLには動画データに対する「動作認識」「分類」「オブジェクト
トラッキング」の3種類のAutoMLモデルが準備されており、Cloud
Storageに保存した動画ファイルをそのままトレーニングや予測に利用
できる。

　検討の結果、ドライバーの居眠り運転、脇見運転、スマートフォンの
ながら操作の解析には「動作認識」、走行位置や信号の色、天候の解析
には「分類」、対人・対物・対車両の位置関係の解析には「オブジェクト
トラッキング」のAutoMLモデルが利用できると判断した。表形式デー
タに対するAutoMLモデルには「回帰」「分類」「予測」の3種類が準備さ
れており、Cloud Storage上のCSV、BigQuery上のテーブルまたは
ビューをそのままトレーニングや予測に利用できる。

　AutoMLモデルを利用するだけでは交通事故の発生リスク算出は難し
いのではないかという懸念もあったが、PoCでは「回帰」および「分類」
のAutoMLモデルを使用したリスク算出を行い、精度を十分に高められ
ない場合はカスタムモデルの導入を検討する方針とした。

　Vertex AIのAutoML機能を利用することが決まったため、次に運転
特性データと動画データの保存場所を検討した。Vertex AIでは動画
データをCloud Storageから直接読み込むため、動画データはCloud
Storageに保存することとした。運転特性データは表形式データとして
Vertex AIに取り込むため、Cloud StorageとBigQueryの2種類の選択肢
があるが、アドホック分析も行うことを考慮するとBigQueryの利用が最
適であると判断し、表形式データはBigQueryに保存することとした。

　ただしこの方針では、動画データに対する予測結果がCloud Storage上
にJSON形式で出力されるため、BigQuery上の運転特性データと組み合
わせて利用するには使い勝手が悪いことが分かった。そこで動画データ
の予測結果がCloud Storageに格納されたことをトリガーとするETL処
理を組み込み、予測結果もBigQueryに保存することとした。

　ETL処理を実装できるサーバーレスサービスにはCloud Run、Cloud
Functions、Cloud Dataflowがある。Cloud RunやCloud Functionsを利
用する場合は、処理を一からコーディングする必要がある一方、Cloud
DataflowにはGoogleが用意したテンプレートが存在し、テンプレートを
有効活用できればコーディングを最小限に抑えることができる。

　今回ETL処理のインプットとなる予測結果は出力フォーマットに一貫
性があるため、Cloud Storage上のテキストデータを読み取りBigQuery

に書き込む「Text File on Cloud Storage to BigQuery」テンプレートが利用できる。そこで、ETL処理の開発を最小限に抑えることができるCloud Dataflowを採用することとした。これらの検討の結果、処理のイメージは**図表15-2**の通りとなった。

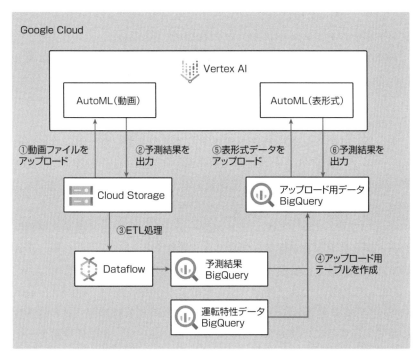

図表15-2　機械学習

15-4　ドライブレコーダーからのデータアップロード

15-4-1　機能の内容

アップロード対象のデータは運転特性データと動画データの2種類が存在する。

動画は5分単位に分割されたMP4形式のファイルであり、ドライブレコーダー側で圧縮しても1ファイル当たり数百MBになり、運転特性データに比べてサイズが大きい。そのためドライブレコーダーのローカルストレージに一時保存し、運転終了後や交通事故発生時、ドライバーのアクションをトリガーにまとめてアップロードする。

運転特性データはドライブレコーダーから1分間隔で送信されるJSON形式のデータであり、1回にアップロードするデータ量は数十KB程度である。

15-4-2　サービス選定のポイント

動画データはVertex AIのインプットおよびウェブアプリケーション上での動画再生に利用するためCloud Storageに保存し、運転特性データはVertex AIのインプットおよびアドホック分析に利用するためBigQueryに保存することが決まっている。

この前提のもと、まずはGoogle Cloudでデータを受け取る部分のサービスを検討した。本番リリース後には数千〜数万台のドライブレコーダーから同時にデータをアップロードする。そのため、データを受信するサービスには高いスケーラビリティーが求められる。

そこでIoTデバイスの管理やデータの送受信に特化したマネージドサービスである「Cloud IoT Core」の利用を検討した。Cloud IoT Core

15

は高いスケーラビリティーとパフォーマンスを備えており、本番リリース後のデバイス数にも耐えうるデータアップロード機能を実装できると判断した。そのため、ドライブレコーダーとの連携にはCloud IoT Coreを採用することとした。

次にCloud IoT Coreで受け取ったデータをCloud StorageとBigQueryに保存する方法を検討した。Cloud IoT Coreは受け取ったデータをCloud Pub/Subを介して他のGoogle Cloudサービスに受け渡す仕様となっており、この仕様を活用した最適なデータ保存方法を検討する必要があった。

□運転特性データのアップロード

運転特性データはJSON形式であり、Cloud IoT CoreおよびCloud Pub/Subが直接受け取れるデータであるため、Cloud Pub/Subの連携先にETL処理を行うサービスを配置し、表形式に変換した上でBigQueryに保存する方法を検討した。

ETL処理はCloud StorageからBigQueryへのデータ書き込みと同様にCloud RunやCloud Functionsで実装できる。ただしCloud DataflowにはCloud Pub/Subが受け取ったJSON形式のメッセージを読み取り、BigQueryに書き込むための「Pub/Sub Topic to BigQuery」テンプレートが用意されており、今回はこのテンプレートをそのまま利用できる。そのため、ETL処理の開発を最小限に抑えることができるCloud Dataflowを採用した。これらの検討の結果、処理のイメージは**図表15-3**の通りとなった。

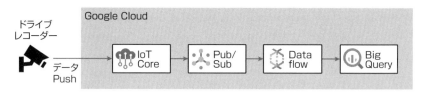

図表15-3　運転特性データのアップロード

□動画アップロード

　動画は数百MB程度のMP4形式ファイルである。Cloud IoT Coreが受け取れるペイロードのサイズ上限は256KBであるため、Cloud IoT Coreでは動画ファイルを直接受け取れない。そこでCloud IoT Coreではドライブレコーダーからのイベント情報（運転終了、交通事故発生、ドライバーからの指示、など）のみを受け取り、動画ファイルはドライブレコーダーからCloud Storageに直接アップロードする方法を検討した。

　Cloud Storageへのアクセス方法にはいくつかの選択肢が存在するが、セキュリティーの観点からドライブレコーダーに認証情報を配置することなくファイルアップロードが可能な署名付きURL方式を採用した。

　署名付きURLはCloud IoT Coreが運転終了などのイベント情報を受け取ったことをトリガーに発行し、Cloud IoT CoreからCloud Pub/Subを介して署名付きURLを発行する処理をトリガーする構成にした。発行された署名付きURLはCloud IoT Coreのコマンド送信機能を利用してドライブレコーダーに送信し、ドライブレコーダーは受け取ったURLに対してファイルアップロードを行うといった仕組みである。

　署名付きURLの発行はイベントトリガー処理であるため、採用するサービスは後述するサムネイル生成の処理と合わせて検討する。サービス選定のポイントは15-4で後述するが、結果的にはCloud Runを採用することになったため、処理のイメージは**図表15-4**の通りとなった。

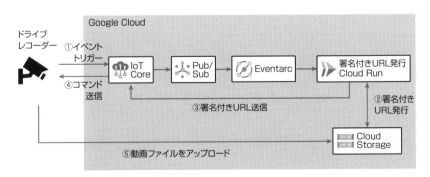

図表15-4　動画アップロード

15-5　イベントトリガー処理

15-5-1　機能の内容

　イベントトリガー処理には先述の署名付きURLの発行のほかに、サムネイル画像の生成処理がある。動画がアップロードされたことをトリガーに処理を開始し、ウェブアプリケーションで表示するためのサムネイル画像を作成、ストレージへの保存、動画とサムネイル画像に関する情報をデータベースに書き込むまでの一連の処理を行う。

　交通事故発生時などはウェブアプリケーションから動画データを迅速に確認する必要があるため、動画のアップロードが完了してから数分以内でサムネイル画像を生成し、ウェブアプリケーション上に表示する必要がある。

15-5-2　サービス選定のポイント

　イベントトリガー処理に利用できるサーバーレスサービスにはCloud RunとCloud Functionsがある。処理ごとに利用するサービスを分けると学習コストが高くなるだけでなく、サービスごとに新機能や仕様変更の確認・取り込み対応といった運用負荷も高くなるため、利用するサービスは極力統一すべきと考えた。

　今回はCloud RunとCloud Functionsの2つのサービスが候補となったが、（1）トリガーとして利用可能なイベントソースの充実度、（2）トリガー連携部分の実装および運用負荷の低さの2点をポイントにサービスを選定した。

　（1）のイベントソースの充実度は今後の拡張性や追加要件への対応のしやすさを考慮した観点である。Cloud FunctionsがHTTP、Cloud Storage、Cloud Pub/Sub、Cloud Firestore、Firebaseのイベントをサ

ポートするのに対して、Cloud RunはEventarcと組み合わせることで
Cloud Audit Logsベースのイベントトリガーが可能となるため、実質ほ
ぼ全てのGoogle Cloudサービスのイベントをサポートできる。

　（2）の実装負荷についてはどちらのサービスも簡単に実装可能である
が、Cloud Functionsはトリガーとなるイベント情報をCloud Functions
自身が保持するため、イベントと処理が密結合となり汎用性が低い。そ
れに対してCloud Runはトリガーとなるイベント情報をCloud Run自身
は保持せず、Eventarc側に設定を集約できるため、イベントと処理が疎
結合になり汎用性が高いというメリットがある。これらのポイントを考
慮し、イベントトリガー処理にはCloud Runを採用することとした。

　署名付きURLの発行処理は、Cloud IoT Coreで受け取ったイベント情
報をCloud Pub/Subを介してEventarcに連携し、EventarcがCloud
Storageの署名付きURLを発行するCloud Runをトリガーする構成とし
た。Cloud Runは署名付きURLを発行し、Cloud IoT Coreに対してURL
情報を連携する。

　サムネイル生成処理はCloud Storageにファイルがアップロードされた
ことをCloud Audit Logsが検知し、イベント情報をEventarcに連携する
構成とした（**図表15-5**）。Eventarcはサムネイル作成用のCloud Runを

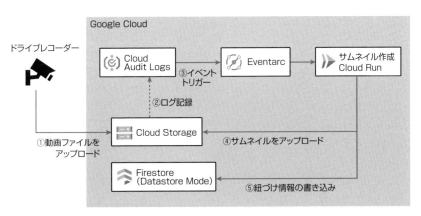

図表15-5　サムネイル生成

トリガーし、サムネイル画像の生成、生成されたサムネイル画像を
Cloud Storageに格納、Firestore（Datastoreモード）に対して動画とサ
ムネイル画像に関する情報の書き込みを行う。

15-6　ウェブアプリケーション

15-6-1　機能の内容

　ウェブアプリケーションの主な画面は、撮影した動画の参照画面、ドライバーの交通事故リスクに関するスコア表示画面、機械学習を活用した分析結果の詳細確認画面の3つである。

　撮影した動画の参照画面には、動画のサムネイル画像と撮影日時、およその位置情報が一覧表示されており、サムネイル画像をクリックすることで別ウインドウにて動画を再生できる。動画データや運転特性データの分析結果から交通事故のリスクが高いと判断された動画は「急ブレーキ・急発進」や「スマートフォンのながら操作」といったフラグが表示され、交通事故のリスクが高いと判断された時間帯にフォーカスして動画を再生することも可能である。

　交通事故リスクに関するスコア表示、および機械学習を活用した分析結果の詳細確認画面は、機械学習を用いた分析結果をグラフや表など最適な形式で表示し、簡易的なフィルタなどの条件指定などを行える。これらの機能を利用することで、ドライバーの運転特性を確認できる。

15-6-2　サービス選定のポイント

　ウェブアプリケーションもサーバーレスサービスで構築し、インフラの運用コストを抑えたいと考えている。ウェブアプリケーションを構築できるサーバーレスサービスにはApp EngineとCloud Runがある。App EngineとCloud Runの大きな違いは第2章で解説した通りデプロイ対象であるが、今回はデプロイ対象に関する制約は特にないため、学習コストおよび運用負荷を抑えるためにイベントトリガー処理でも採用したCloud Runを利用することとした。

　ウェブアプリケーションの実装に利用するサービスが決まったため、次にクライアントからのアクセスを受けるフロントエンドやセキュリティーに関するサービスを検討した。ウェブアプリケーションにCloud Runを利用する場合、フロントエンドに外部HTTP（S）Load Balancingを配置し、Serverless NEGを利用したターゲットの指定を行う構成が一般的である。またウェブページに表示する静的コンテンツや動画ファイルはCloud Storageから返却し、レスポンスを高速化したりCloud Storageへのアクセス頻度を減らしたりするためにCloud CDNを有効化した。セキュリティー機能としてCloud Armorも利用することとした。

　交通事故リスクに関するスコア表示、および機械学習を活用した分析結果の詳細確認画面は自前で作り込むよりも既存サービスを組み込むことで、開発にかかる工数を最小限に抑えつつ、リッチな機能を提供できると考えた。今回は分析結果がBigQuery上に保存されているため、BigQueryと親和性が高く、またウェブ画面にユーザーインターフェースを組み込むための機能が提供されているLookerを採用した。具体的には、Lookerのiframeを利用することでウェブ画面にLookerの画面を組み込む構成とした。これらの検討の結果、処理のイメージは**図表15-6**の通りとなった。

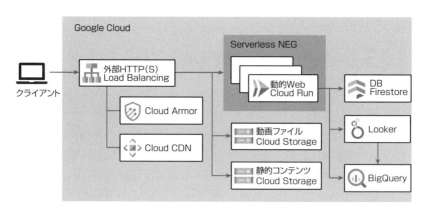

図表15-6　ウェブアプリケーション

▌著者プロフィル

遠山 陽介

野村総合研究所　クラウドインテグレーション推進部 部長
金融機関のシステム基盤設計・構築に従事した後、各種企業のシステム化構想・計画策定のコンサルティング業務に従事。現在は、クラウド活用・データ活用に関する各種コンサルテーション、データアーキテクチャー設計を担当。
2018 Google Cloud Technology Solution Recognition Award を受賞。
Jagu'e'r（Japan Google Cloud Usergroup for Enterprise）FISC分科会に参画し、金融機関向け「Google Cloud」対応セキュリティリファレンスの策定に関与。

深津 康行

野村総合研究所　マネージドサービス推進部 上級システムコンサルタント
Webアプリケーションフレームワーク製品の開発、導入支援に従事した後、各種企業のクラウド活用に関する各種コンサルテーション、マルチクラウド運営サービスを担当。現在は、Google Cloud活用の推進を担当。
Google Cloud Certified - Professional Cloud Architectほか、プロフェッショナル資格を複数保有。

米川 賢治

野村総合研究所　クラウドインテグレーション推進部 テクニカルエンジニア
流通業界向けのシステム設計、構築に従事した後、米カーネギーメロン大学へ留学。現在は、主にGoogle Cloud上で、様々な業界の企業のデータアナリティクスやアプリケーション開発に関わるサービス設計・開発を担当。
2021 Google Cloud Technology Solution Recognition Award を受賞。2021 Google Cloud Partner Top Engineer に選出。
Google Cloud Certified - Professional Cloud Architectほか、全プロフェッショナル資格を保有。

小島 仁志

野村総合研究所　クラウドインテグレーション推進部 テクニカルエンジニア
入社以来クラウド活用に関するコンサルティング、マルチクラウド運営サービスを担当。製造業、不動産業、運輸業などの企業を担当し、Google Cloudを活用したシステム設計・構築・運用案件を複数経験。野村総合研究所社内のGoogle Cloud普及啓蒙活動にも取り組む。
2021 Google Cloud Partner Top Engineer に選出。
Google Cloud Certified - Professional Cloud Architectほか、プロフェッショナル資格を複数保有。

Google Cloud
エンタープライズ IT 基盤設計ガイド

2022 年 3 月 22 日　第 1 版第 1 刷発行

著　　　者	遠山 陽介、深津 康行、米川 賢治、小島 仁志	
発　行　者	吉田 琢也	
発　　　行	日経 BP	
発　　　売	日経 BP マーケティング	
	〒 105-8308　東京都港区虎ノ門 4-3-12	
装　　　丁	葉波高人（ハナデザイン）	
制　　　作	ハナデザイン	
印刷・製本	図書印刷	

本書籍に関するお問い合わせ、ご連絡は下記にて承ります。
https://nkbp.jp/booksQA